Educational Producer For Your Success

알기쉽게 풀어쓴!

에듀피디
토양환경기사

실기

| 전나훈 편저 |

Engineer
Soil
Environmental

- 기출문제 및 관련 이론을 집중적으로 학습할 수 있도록 구성
- 과년도 기출문제를 통한 실력 향상
- 필수적으로 암기해야 하는 부분의 암기 방법을 두문자를 통해 제시

에듀피디 동영상강의 www.edupd.com

토양환경기사 실기

초판 인쇄 2024년 10월 10일
초판 발행 2024년 10월 17일

편저자 전나훈
발행처 에듀피디
등 록 제300-2005-146
주 소 서울 종로구 대학로 45 임호빌딩 2층 (연건동)

전 화 1600-6690
팩 스 02)747-3113

※ 이 책은 저작권법에 따라 보호받는 저작물이므로 무단전재와 무단복제를 금지하며 책 내용의 전부
  또는 일부를 이용하려면 반드시 저작권자와 에듀피디의 서면 동의를 받아야 합니다.

책의 목차

제1편 토양오염 조사 및 정화 실무

CHAPTER 01	토양오염 조사 및 평가	006
CHAPTER 02	토양의 이화학적 특성분석	040
CHAPTER 03	토양오염물질	059
CHAPTER 04	토양오염물질의 이동특성	080
CHAPTER 05	토양미생물	096
CHAPTER 06	부지특성 조사하기	107
CHAPTER 07	토양 및 지하수오염 정화기술	111
CHAPTER 08	토양관리 및 이용	160

제2편 과년도 필답형 기출문제

CHAPTER 01	2020년도 제1회 토양환경기사 필답형	166
CHAPTER 02	2020년도 제2회 토양환경기사 필답형	170
CHAPTER 03	2020년도 제4회 토양환경기사 필답형	174
CHAPTER 04	2021년도 제1회 토양환경기사 필답형	178
CHAPTER 05	2021년도 제2회 토양환경기사 필답형	183
CHAPTER 06	2021년도 제4회 토양환경기사 필답형	188
CHAPTER 07	2022년도 제1회 토양환경기사 필답형	193
CHAPTER 08	2022년도 제4회 토양환경기사 필답형	198
CHAPTER 09	2023년도 제1회 토양환경기사 필답형	203
CHAPTER 10	2023년도 제2회 토양환경기사 필답형	208
CHAPTER 11	2024년도 제1회 토양환경기사 필답형	214

제3편 과년도 필답형 기출해설

CHAPTER 01	2020년도 제1회 토양환경기사 필답형 해설	220
CHAPTER 02	2020년도 제2회 토양환경기사 필답형 해설	224
CHAPTER 03	2020년도 제4회 토양환경기사 필답형 해설	229
CHAPTER 04	2021년도 제1회 토양환경기사 필답형 해설	234
CHAPTER 05	2021년도 제2회 토양환경기사 필답형 해설	239
CHAPTER 06	2021년도 제4회 토양환경기사 필답형 해설	244
CHAPTER 07	2022년도 제1회 토양환경기사 필답형 해설	249
CHAPTER 08	2022년도 제4회 토양환경기사 필답형 해설	254
CHAPTER 09	2023년도 제1회 토양환경기사 필답형 해설	258
CHAPTER 10	2023년도 제2회 토양환경기사 필답형 해설	262
CHAPTER 11	2024년도 제1회 토양환경기사 필답형 해설	266

부록 토양환경기사 실기 공식정리 노트

271

GUIDE 출제기준(실기)

직무 분야	환경·에너지	중직무 분야	환경	자격 종목	토양환경기사	적용 기간	2023.1.1 ~ 2026.12.31

○ **직무내용** : 토양·지하수 정화 및 관리 분야의 관계법규, 공학적 지식 등을 바탕으로 토양·지하수 환경오염정화 및 관리에 대한 설계, 시공, 운영에 관한 직무이다.
○ **수행준거** : 1. 토양오염에 대한 전문적인 지식을 토대로 하여 2. 토양오염 현황을 정확히 조사, 측정 및 분석할 수 있다. 3. 측정자료를 토대로 토양오염을 평가 및 예측할 수 있다. 4. 토양오염 대책을 수립하여 정화 및 관리를 적절하게 적용하기 위한 설계, 시공, 운영할 수 있다.

실기검정방법	필답형	시험시간	3시간

실기 과목명	주요항목	세부항목	세세항목
토양오염 조사 및 정화 실무	1 토양오염조사 및 평가	1. 토양오염조사 방법 및 절차 이해하기	1. 토양오염조사 방법 및 특성을 파악할 수 있다. 2. 토양오염조사 절차를 숙지하여 계획을 수립·시행할 수 있다. 3. 위해성 평가방법 및 원리를 숙지하여 계획을 수립·시행할 수 있다.
		2. 토양오염평가 방법 및 절차 이해하기	1. 토양환경평가 방법 및 특성을 평가할 수 있다. 2. 토양환경평가 절차를 숙지하여 계획을 수립·시행할 수 있다.
		3. 토양분석하기	1. 토양 이화학적 특성을 분석할 수 있다. 2. 시료 전처리를 할 수 있다.
		4. 부지특성 조사하기	1. 토양오염부지의 특성을 조사할 수 있다.
	2 토양 및 지하수 오염 정화	1. 정화계획 수립하기	1. 대상 부지의 향후 이용계획을 고려한 정화목표를 설정할 수 있다. 2. 정화대상 지역의 정화기술 적용 제한성을 검토할 수 있다.
		2. 현장 적용성 평가하기	1. 현장의 실증실험을 적용하기 위한 공법을 선정할 수 있다. 2. 시공 시 도출될 수 있는 문제점과 한계점을 예측할 수 있다.
		3. 정화공법 선정하기	1. 대상부지 여건을 고려한 정화공법별 기술 적용성을 비교평가 할 수 있다.
		4. 정화시설시공계획 수립하기	1. 설계도서에 따라 정화시설의 단계별 시공계획을 검토할 수 있다.
		5. 정화효율 평가하기	1. 정화공정별 모니터링을 수행할 수 있다.
		6. 정화시설운영 종료하기	1. 설계도서에 따라 정화시설물 철거 및 원상복구 절차를 검토할 수 있다.
		7. 정화검증하기	1. 정화계획서에 따른 이행 여부를 판단할 수 있다. 2. 검증용 시료채취 및 분석을 할 수 있다. 3. 정화시설의 정화효율성을 판단할 수 있다.
	3 토양 관리 및 보전	1. 토양오염 사전 예방하기	1. 토양오염원별 이동특성을 이해하고 이를 사전에 예방할 수 있는 기술을 숙지하여야 한다.
		2. 사후관리 및 모니터링 이해하기	1. 토양 및 지하수 오염정화 후 적절한 사후관리방법 및 모니터링에 대하여 숙지하여야 한다.
		3. 토양 보전하기	1. 침식방지 등 토양 보전 방법에 대하여 숙지하여야 한다.

PART 1

제 1 과목
토양오염 조사 및 정화 실무

01 토양오염 조사 및 평가

02 토양의 이화학적 특성분석

03 토양오염물질

04 토양오염물질의 이동특성

05 토양미생물

06 부지특성 조사하기

07 토양 및 지하수오염 정화기술

08 토양관리 및 이용

01 CHAPTER 토양오염조사 및 평가

UNIT 01 누출검사방법

1 저장물질이 없는 누출검사대상시설 – 비파괴검사

(1) 개요

① **목적** : 비파괴시험법은 물리적 현상의 원리(빛, 열, 방사선, 음파, 전기, 전기에너지, 자기)를 이용하여 검사할 대상물을 손상시키지 아니하고, 그 대상물에 존재하는 불완전성을 조사하고 판단하는 기술적 행위이다. 일반적인 비파괴시험법으로는 방사선투과법(RT), 초음파 탐사법(UT), 자분탐상법(MT), 와전류탐상법(ECT), 액체침투탐상법(PT), 음향방출탐사법(AET), 누설검사법(LT), 육안검사(VT) 등이 있다.

② **적용범위** : 이 방법은 단일벽 또는 이중벽 구조의 저장시설의 누출 및 결함 유무를 판단하기 위하여 적용한다.

(2) 용어정의

① **자분탐상시험(MT)** : 강자성체인 시험체를 자화시켰을 때 시험체 조직의 변화 또는 결함 등의 불연속이 존재하면 이 위치에서 자력선의 연속성이 깨어져 누설자장(magnetic flux leakage)이 형성되고 자속밀도(flux density)가 증가하게 되며, 이때 시험체의 표면에 자분(magnetic particle)을 살포하여 누설자장이 형성된 부위에 자분이 부착되어 시험체 조직의 변화 또는 결함 등의 존재 유무, 위치, 크기, 방향 등을 확인하는 시험방법이다.

② **침투탐상시험(PT)** : 시험체 표면에 침투액을 적용하면 열린(open) 결함이 있는 경우 모세관 현상에 의하여 침투액이 열린 결함으로 침투하게 되며 이때 현상액을 적용하여 표면결함 속에 침투된 침투액을 현상함으로써 육안으로 결함 유무를 식별하는 시험방법이다.

③ **초음파두께측정(ultrasonic thickness gauging)** : 시험체에 초음파를 전달시켜 시험체 내에 존재하는 불연속으로부터 반사한 초음파의 에너지양, 초음파의 진행시간 등을 분석하여 불연속의 위치 및 크기 등을 알아내는 시험방법이다.

④ **외관검사(visual inspection)** : 저장시설을 구성하는 시설 전반에 대하여 검사자의 육안으로 누설징후, 변형, 부식, 손상, 이탈 등의 유무를 확인하는 검사이다.

(3) 검사기기 및 기구

① 자분탐상시험장비, ② 침투탐상시험장비, ③ 초음파 두께측정기

> 💡 **옥외저장시설의 측정지점**
>
> 가. 에뉼러판 : 옆판내면으로부터 탱크중심방향으로 0.5m 간격마다의 범위에서 원주방향으로 2m 이하의 간격마다 1개 지점
> 나. 밑판(구형탱크는 본체전부를 밑판으로 보며, 지중탱크의 옆판 중 지반면 하에 매설된 부분은 밑판으로 본다) : 1매당 3개 지점
> 다. 보수 중 덧붙인 판 또는 교체한 판 : 1매당 1개 지점
> 라. 누설자장 등을 이용하여 점검을 실시한 밑판 및 에뉼러판 : 1매당 1개 지점

2 저장물질이 없는 누출검사대상시설 – 가압시험법

(1) 개요

① **목적** : 가압시험방법은 저장물이 없는 누출검사대상시설에 질소 등 불활성가스를 주입하여 일정한 시험압력상태를 유지하고, 측정시간 동안의 압력 변동량을 측정함으로써 누출검사대상시설 및 (분리하여 폐쇄가 불가능한) 그 부속배관의 누출여부를 판단하는 기밀시험방법이다.

② **적용범위** : 이 방법은 단일벽 또는 이중벽 구조의 누출검사대상시설 및 (분리하여 폐쇄가 불가능한) 그 부속배관의 누출여부를 판단하기 위하여 적용한다.

(2) 용어정의

① **불활성가스(비활성기체)** : 다른 원소와 화학반응을 일으키기 어려운 기체원소, 좁은 뜻으로는 헬륨, 네온, 아르곤, 크립톤, 크세논, 라돈의 희유원소를 이르며, 넓은 뜻으로는 화학반응성이 낮은 질소 등을 포함하여 이른다.

② **기밀시험** : 용기나 함선 또는 건축물 등의 밀폐도나 내압강도를 확인하고 조사하는 시험을 말한다.

(3) 결과의 보고

① **측정결과 및 보고서 작성**
  ㉠ 가압 중 노출배관은 비눗물 등을 도포하여 누출여부를 확인하고 보고서를 작성한다.
  ㉡ 안정된 압력 확인 후 50분 동안 측정된 압력변화를 확인하여 보고서를 작성한다.

② **판정기준** : 측정결과 비눗물 등으로 누출여부가 확인되거나 압력강하가 시험압력의 10%를 초과하는 경우에는 불합격으로 한다.

❸ 저장물질이 있는 누출검사대상시설 – 기상부의 시험법

(1) 개요
① **목적** : 저장물질이 있는 누출검사대상시설의 저장물질이 담겨져 있지 않은 부분에 대한 누출여부를 검사하는 방법으로 저장시설내부로 가압매체를 주입하여 대기압보다 높은(가압) 압력을 작용시키거나 저장시설내부로부터 가스를 배출하여 대기압보다 낮은(감압) 압력을 작용시켜 그 압력변화를 측정함으로써 누출여부를 판단하는 방법이다.
② **적용범위** : 이 방법은 누출검사대상시설의 기상부 및 기상부에 접속되어 있고 저장시설과 분리하여 폐쇄할 수 없는 부속배관부의 누출여부를 판단하는 기밀시험이다. 단, 미감압법은 10만L 미만의 시설에 적용할 수 있다.

(2) 용어정의
① **기상부 검사** : 탱크와 같은 저장시설에 저장물질이 담겨져 있지 않은 부분(Ullage)에 대한 검사를 말한다.
② **미가압 시험** : 대기압보다 높은 압력($200mmH_2O$)을 사용하여 누출여부를 판정하는 방법이다.
③ **미감압 시험** : 대기압보다 낮은 압력($-200mmH_2O$, $-400mmH_2O$, $-1,000mmH_2O$)을 사용하여 누출여부를 판정하는 방법이다.

(3) 검사기기 및 기구
① **압력계(압력자기기록계)** : 최소 눈금 $1mmH_2O$를 읽을 수 있는 정밀도를 가진 압력계를 말한다.
② **온도계** : 시험압력에 충분히 견딜 수 있는 것으로서 최소눈금이 1℃ 이하를 읽고 기록이 가능한 온도계를 말한다.
③ **가압장치** : 가압 시 최대압력 $300mmH_2O$ 이하가 되도록 조정되는 것이어야 한다.
④ **감압장치**
　㉠ 가스를 배출하는 방법
　　• 이젝터 : 불활성가스의 분출력을 이용한 것 또는 에어콤프레셔의 분출력을 이용한 것
　　• 펌프 : 수동 및 동력에 의한 것
　㉡ 액체를 뽑아내는 방식
　　• 고체 급유설비 : 계량기 펌프를 이용한 것
　　• 송유설비 : 누출검사대상시설 등에 송유하기 위해 개설된 펌프
　　• 가변식 펌프 : 그 외 가압에 적합한 펌프
⑤ **사용가스** : 불활성가스를 가압매체로 사용한다.
⑥ **안전장치**
⑦ **기타 검사대상시설을 밀폐를 위해 필요한 장치 및 도구**

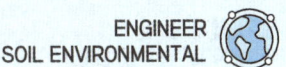

④ 저장물질이 있는 누출검사대상시설 – 액상부의 시험법

(1) 개요

① **목적** : 이 방법은 일정 체적을 가진 누출검사대상시설에 일정량의 액체가 담겨 있을 때, 전자기파(electro-magnetic wave), 초음파, 압력변화, 부력, 자기변형, 정전용량 또는 이와 동등한 방식을 이용하여 누출검사 대상시설 내 액량변화를 측정하여 누출량을 산정한다. 다만, 누출량 산정에 온도보정을 요하는 측정방식은 측정시간동안 온도변화를 측정하여 보정한다.

② **적용범위** : 이 방법은 누출검사대상시설에 담겨 있는 액상부의 누출량을 측정하는데 적용한다. 액상부의 누출검사는 누출검사대상시설의 액량이 검사업체에서 보유하고 있는 누출측정기기가 측정할 수 있는 저장시설 높이의 범위인 경우에 적용한다.

(2) 용어정의

① **액상부 검사** : 탱크와 같은 저장시설에 저장물질이 담겨져 있는 부분(underfill)에 대한 검사

② **액면레벨** : 탱크 내 저장물질의 수위를 나타내며, 온도변화 등에 따라 보정된 수위의 변화를 측정하여 저장물질의 누출이나 외부물질의 유입 등을 판정하게 된다.

③ **누출판정기준** : 누출과 비누출을 판정하는 누출속도이며 검사대상시설의 용량에 따라 차등 적용된다.

④ **기기고유 누출판정기준(threshold value)** : 액상부 검사에 사용되는 해당누출측정기기가 가지고 있는 누출판정기준으로 해당 누출율 이상이면 누출의 가능성이 있다고 할 수 있다. 보통 누출판정기준보다 낮은 누출율을 가진다.

(3) 검사기기 및 기구

다양한 측정원리에 따라 누출량을 산정하여 시간당 일정 이상의 액량 변화를 판독할 수 있는 기구 및 기기

① **온도계** : 액온 변화를 0.5℃ 이하의 분해능으로 읽고 기록 가능한 것

② **Data 분석장치** : 온도 및 액량 변화를 분석하는 장치

(4) 결과보고

① **누출검사결과확인 및 보고서작성** : 누출검사대상시설의 용량에 따른 누출판정기준에 따라 각각의 누출측정기기마다 다양하게 정해지는 고유누출판정기준(threshold value)을 초과하는지 여부를 확인하고 보고서를 작성한다.

② **판정기준** : 누출검사대상기기가 고유누출판정기준이상을 나타내면 불합격으로 한다.

탱크용량	누출율(L/hr)
10만 리터 이하	0.4
10만 리터 초과 100만 리터 이하	0.8
100만 리터 초과 160만 리터 이하	1.2
160만 리터 초과 320만 리터 이하	1.6
320만 리터 초과 480만 리터 이하	2.4
480만 리터 초과	3.2

5 배관시설 – 가압 및 미감압시험법

(1) 개요

① **목적** : 이 방법은 저장물을 이송하는 배관시설에 대한 누출검사방법으로 배관시설 내 내용물을 비운 상태로 압력을 작용시켜 그 압력변화를 측정함으로써 누출여부를 판단하는 방법이다.

② **적용범위** : 이 방법은 누출검사대상시설로부터 분리하여 양단을 폐쇄할 수 있는 부속배관부의 누출여부를 판단하는 시험이다.

(2) 용어정의

① **부속배관** : 저장시설에 연결되어 저장물질의 이송에 이용되는 시설을 말한다.

(3) 검사기기 및 기구

① **압력계(압력자기기록계)** : 최소눈금 $1mmH_2O$를 읽을 수 있는 정밀도를 가진 압력계 또는 최소눈금이 시험압력의 5% 이내이고, 이를 읽고 측정압력의 기록이 가능한 압력계이어야 한다.

② **온도계** : 시험압력에 충분히 견딜 수 있는 것으로서 최소눈금이 $1℃$ 이하를 읽고 기록이 가능한 온도계이어야 한다.

③ **가압장치** : 가압 시 시험압력까지 이르도록 조정되는 것이어야 한다.

④ **사용가스** : 불활성가스를 가압매체로 사용한다.

⑤ **안전장치** : 시험압력의 1.1배 부근에서 작동할 수 있는 안전밸브를 갖추어야 한다.

⑥ 기타 검사대상시설을 밀폐를 위해 필요한 장치 및 도구

UNIT 02 토양오염도 일반 시험방법

1 시료채취방법

(1) 일반지역

① 시료채취지점 선정

㉠ 대상지역을 대표할 수 있는 토양시료를 채취하기 위해, 농경지의 경우는 대상지역 내에서 지그재그형으로 5~10개 지점을 선정한다. 공장지역·매립지역·시가지지역 등 농경지가 아닌 기타지역의 경우는 대상지역의 중심이 되는 1개 지점과 주변 4방위의 5~10m 거리에 있는 1개 지점씩 총 5개 지점을 선정하되, 대상지역에 시설물 등이 있어 각 지점 간의 간격이 불충분할 경우 간격을 적절히 조절할 수 있다.

ⓛ 시안, 유기인화합물, 벤조(a)피렌, 석유계총탄화수소, 페놀, 폴리클로리네이티드비페닐, 벤젠, 톨루엔, 에틸벤젠, 크실렌, 트리클로로에틸렌 및 테트라클로로에틸렌 시험용 시료는 농경지 또는 기타지역의 구분에 관계없이 대상지역을 대표할 수 있는 1개 지점 또는 오염의 개연성이 높은 1개 지점을 선정한다.

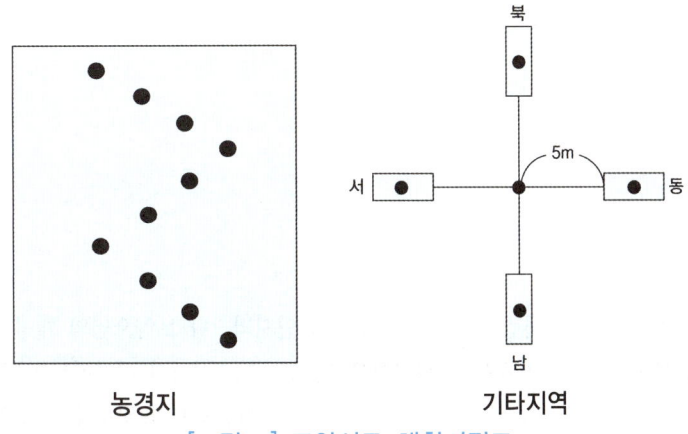

[그림 1] 토양시료 채취지점도

② 시료의 채취 및 보관

㉠ 토양오염도검사를 위해서는 표토층(0~15cm) 또는 필요에 따라 일정 깊이 이하의 토양시료를 채취할 수 있다. 토양시료 채취시 토양표면의 잡초나 유기물 등 이물질층을 제거한 후 그림 2와 같은 토양시료채취기(sampler)로 약 0.5kg 채취한다.

㉡ 토양시료채취기가 없을 때는 조사대상 물질의 특성을 고려하여 결정한다. 유기물질을 조사할 때에는 스테인리스강 재질의 모종삽 또는 삽 등과 같은 기구를 사용하고 중금속류의 경우는 플라스틱 재질이 적합하며 그림 3과 같이 A부분의 흙을 제거한 다음 B부분의 흙을 채취한다. 시료채취 시 토양에 직접 접촉하는 부분은 도색, 그리스 등의 화학약품이 처리되지 않은 기구를 사용한다.

㉢ 채취한 토양시료 중 약 300g을 분취하여 수소이온농도, 중금속 및 불소 시험용 시료는 폴리에틸렌 봉투에, 시안 및 유기물질 시험용 시료는 입구가 넓은 유리병에 넣어 보관한다. 또한 벤조(a)피렌, 석유계총탄화수소, 벤젠, 톨루엔, 에틸벤젠, 크실렌 및 트리클로로에틸렌, 테트라클로로에틸렌 시험용 시료의 분취는 "(2) 토양오염관리대상시설지역"시설의 시료의 채취 및 보관에 따른다.

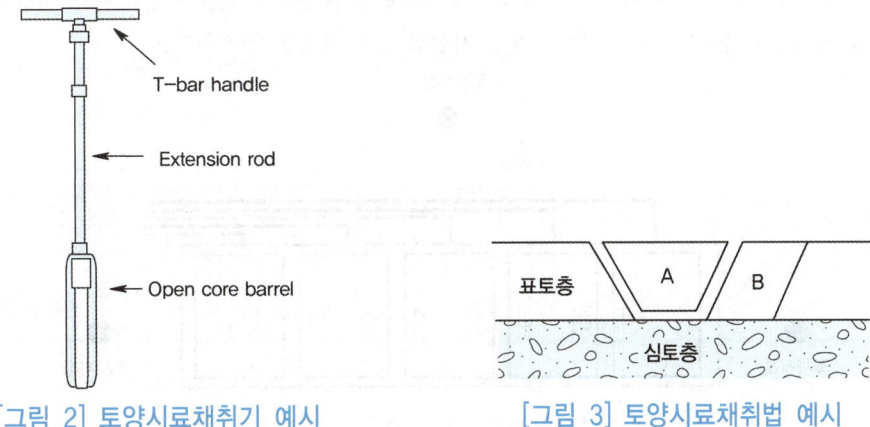

[그림 2] 토양시료채취기 예시   [그림 3] 토양시료채취법 예시

② 채취한 토양시료 중 나머지는 입구가 넓은 200mL 이상 용량의 유리병에 가득 담고 마개로 막아 밀봉한 후 0~4℃의 냉장상태로 실험실로 운반하여 수분보정용 시료로 사용한다.
⑩ 시료용기에는 채취날짜, 위치, 시료명, 토양깊이, 채취자 등 시료내역을 기재한다. 특히 석유계총탄화수소 시험용 시료의 시료용기에는 저장시설에 보관된 유류의 종류 및 제조회사명을 기재한다.

(2) 토양오염관리대상시설지역

① 시료채취지점 선정

㉠ 부지 내

ⓐ 지상저장시설

그림 4와 같이 토양오염물질(유류 등)의 누출이 인지되거나 토양오염의 개연성이 높은 3개 지점을 선정하되, 저장시설의 끝단으로부터 수평방향으로 1m 이상 떨어진 지점에서 이격거리의 1.5배 깊이까지로 한다. 다만, 방유조(tank dike) 외부에서 시료를 채취하고자 할 경우에는 방유조 끝단을 기준으로 한다.

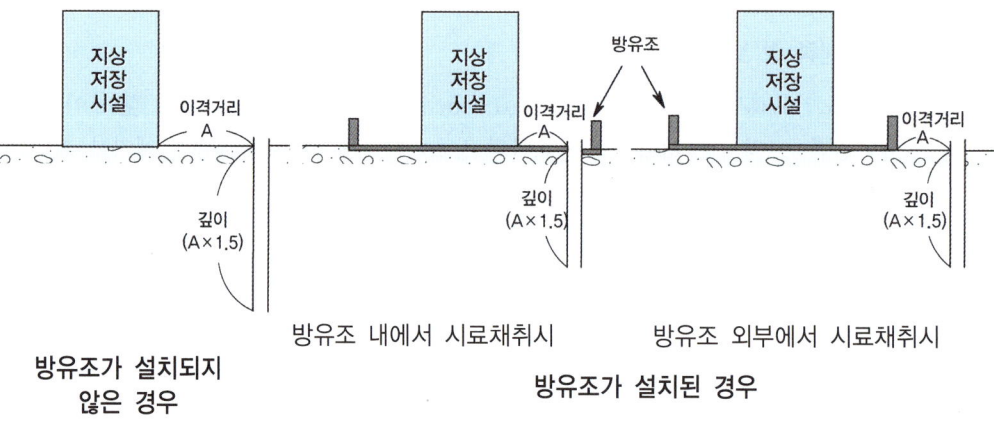

[그림 4] 지상저장시설의 토양시료채취지점 깊이 예시

ⓑ 지하매설저장시설

그림 5와 같이 저장시설을 중심으로 각각 서로 반대방향에 있는 배관부위와 저장시설 부위에서 누출 개연성이 높은 곳을 각각 1~2개 지점씩 3개 지점을 선정한다.

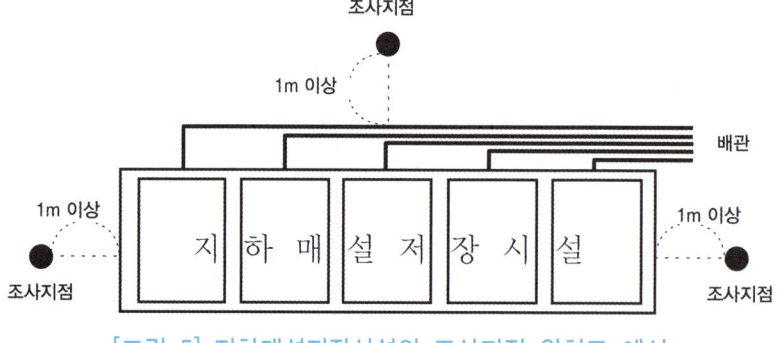

[그림 5] 지하매설저장시설의 조사지점 위치도 예시

그림 6과 같이 저장시설 부위에서 채취하는 2개 지점은 저장시설 아랫면의 끝단에서 수평방향으로 1m 이상 떨어진 지점(이격거리, A)에서부터 이격거리의 1.5배 깊이까지로 하며, 배관부위에서 채취하는 1개 지점은 저장시설로부터 가장 멀리 떨어진 배관에서 수평방향으로 1m 이상 떨어진 지점(이격거리, A)에서부터 이격거리의 1.5배 깊이까지로 한다.

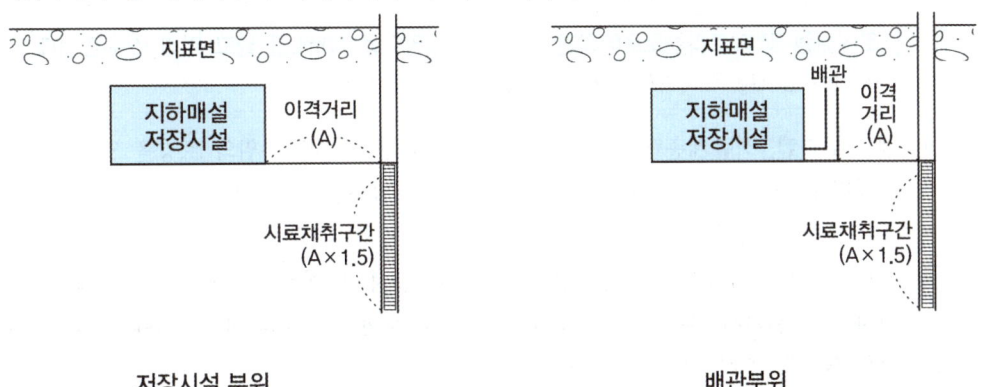

[그림 6] 지하매설저장시설의 토양시료채취지점 깊이 예시

ⓒ 주변지역

ⓐ 토양오염관리대상시설 부지의 경계선으로부터 1m 이내의 지역 중, 당해시설이 아닌 다른 오염원으로부터 오염되었을 개연성이 없다고 판단되는 1개 지점에서 부지내의 시료채취지점 중 깊이가 가장 깊은 곳을 기준으로 하고, 그 깊이는 표토에서 해당 깊이까지로 한다. 단, 판매시설 등의 경우에는 부지의 경계선에서 부지내 시료채취지점의 방향 등을 고려하여 선정한다.

ⓑ 시료채취지점의 토질이 암반 등으로 시료를 채취할 수 없는 경우에는 그 깊이를 조정할 수 있다.

② 시료의 채취 및 보관

㉠ 토양시료는 직경 2.5cm 이상의 시료채취 봉이 들어있는 타격식이나 나선형식의 토양시추장비로 채취한다. 이때 사용하는 시추장비는 시추 중에 물이나 기름이 유입되지 않는 것이어야 한다.

㉡ 시료채취 봉을 꺼내어 오염의 개연성이 가장 높다고 판단되는 부위 ±15cm를 시료부위로 한다. 다만, 오염의 개연성이 판단되지 않을 경우는 제일 하부의 토양 30cm를 시료부위로 한다.

㉢ 벤젠, 톨루엔, 에틸벤젠, 크실렌, 트리클로로에틸렌 및 테트라클로로에틸렌 시험용 시료의 경우, 시료부위의 토양을 즉시 한쪽이 터진 10mL 정도의 스테인리스, 알루미늄 또는 유리재질의 주사기(그림 7) 또는 코어샘플러(그림 8)를 사용하여 3곳에서 각각 약 2mL씩 채취한 5~10g의 토양을 미리 준비한 시험관에 넣고, 마개로 막아 밀봉한 후 0~4℃의 냉장상태로 실험실로 운반한다.

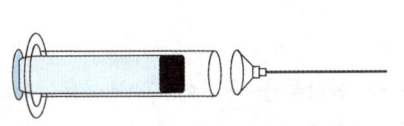

[그림 7] 한쪽이 터진 주사기 예시

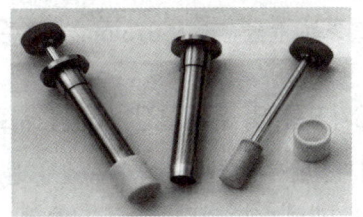

[그림 8] 코어샘플러 예시

ⓐ 수분보정용 시료는 입구가 넓은 200mL 이상의 유리병에 가득 담고 밀봉한 후 같은 방법으로 실험실로 운반하여 사용한다.

> 💡 **비고 1**
> 미리 준비한 시험관이란 마개가 있는 30mL 용량의 시험관에 벤젠, 톨루엔, 에틸벤젠, 크실렌, 트리클로로에틸렌 및 테트라클로로에틸렌 시험용 메틸알코올 10mL를 넣고 미리 소수점 4째 자리에서 반올림하여 소수점 3째 자리까지 무게를 정확히 단 것을 말한다.

ⓑ 벤조(a)피렌, 석유계총탄화수소 시험용 시료의 경우, 시료부위의 토양을 입구가 넓은 200mL 이상의 유리병에 공간이 없도록 가득 담고 마개로 막아 밀봉한 후 0~4℃의 냉장상태로 실험실로 운반하여 벤조(a)피렌, 석유계총탄화수소 시험용 및 수분보정용 시료로 사용한다.

ⓒ 시료용기에는 의뢰자, 시료명, 검사항목, 채취일시 및 장소, 토성, 중량 및 채취자, 입회자 등을 지워지지 않도록 기재한다. 특히 석유계총탄화수소 시험용 시료의 시료용기에는 저장시설에 보관된 유류의 종류 및 제조회사명을 기재한다.

ⓓ 벤조(a)피렌, 석유계총탄화수소, 트리클로로에틸렌, 테트라클로로에틸렌, 벤젠, 톨루엔, 에틸벤젠, 크실렌 및 이외 토양오염물질을 저장하는 시설에 대한 시료채취 및 보관도 이와 동일하게 실시한다.

> 💡 **비고 2**
> 토양을 시추할 때는 토양오염관리대상시설 관계자의 의견을 들어 지하매설시설 등이 손상되지 않도록 주의하여 작업하여야 한다.

2 시료조제방법

(1) 수소이온농도, 불소 및 중금속 시험용 시료
① 각각의 채취지점에서 채취한 토양시료를 법랑제 또는 폴리에틸렌제 밧트(vat) 위에 균일한 두께로 하여 직사광선이 닿지 않는 장소에서 통풍이 잘 되도록 펼쳐 놓고 풍건시킨 다음, 나무망치 등으로 분쇄한다.
② 분석대상물질에 따라 표준체로 체걸음 한 뒤에 시료를 각각 균등량(약 200g)씩 취하여 사분법 등에 의해 균일하게 혼합하여 분석용 시료로 한다.
  ㉠ 수소이온농도는 눈금간격 2mm의 표준체(10메쉬)
  ㉡ 중금속 전함량 분석대상 물질은 눈금간격 0.15mm의 표준체(100메쉬)
  ㉢ 불소는 눈금간격 0.075mm의 표준체(200메쉬)

(2) 시안, 6가크롬 및 유기물질 시험용 시료
① 채취지점에서 채취한 토양시료에서 돌, 나무 등 협잡물을 제거한 후 분석용 시료로 한다.
② 벤조(a)피렌, 석유계총탄화수소, 벤젠, 톨루엔, 에틸벤젠, 크실렌, 트리클로로에틸렌 및 테트라클로로에틸렌 시험용 시료는 "② 토양오염관리대상시설지역" 시설의 시료의 채취 및 보관에 따른다.

❸ 분석용 시료의 함수율 보정

(1) 분석용 시료의 함수율 보정

시안, 6가크롬, 유기인화합물, 벤조(a)피렌, 석유계총탄화수소, 페놀, 폴리클로리네이트비페닐, 벤젠, 톨루엔, 에틸벤젠, 크실렌, 트리클로로에틸렌 및 테트라클로로에틸렌 시험용 시료는 분석결과에 대한 수분을 보정하기 위해 함수율을 측정한다.

(2) 수분 함량(함수율)

① 목적

    이 시험방법은 토양의 수분 함량을 측정하는 방법으로 시료를 105~110℃에서 4시간 이상 건조하고 데시케이터에서 식힌 후 항량으로 하고 무게를 정확히 달아 수분 함량(%)을 구한다.

② 적용범위

    ㉠ 이 시험방법은 습윤 토양시료의 건조중량을 계산하기 위하여 적용한다.
    ㉡ 이 시험방법에 의해 토양 중 수분을 0.1%까지 측정한다.

③ 간섭 물질

    돌, 나무 등 눈에 보이는 협잡물 등은 제거한 후 시험해야한다.

④ 분석기기 및 기구

    ㉠ 칭량병 또는 증발접시 : 칭량병 또는 증발접시는 시료의 두께를 10mm 이하로 넓게 펼 수 있는 정도로 하부 면적이 넓은 것을 사용하여야 하며 가급적 무게가 적은 것을 사용한다.
    ㉡ 저울 : 시료 용기와 시료의 무게를 잴 수 있는 것으로 0.1mg까지 측정할 수 있는 것을 사용한다.

⑤ 시료채취 및 관리

    ㉠ 토양시료 채취는 시료의 채취 및 조제 방법에 따르고 시료는 유리병에 채취하며 가능한 빨리 측정한다.
    ㉡ 시료를 보관하여야 할 경우 미생물에 의한 분해를 방지하기 위해 0~4℃로 보관한다.
    ㉢ 시료는 24시간 이내에 증발처리를 하여야 하나 최대한 7일을 넘기지 말아야 한다. 시료를 분석하기 전에 상온이 되게 한다.

⑥ 분석절차

    ㉠ 칭량병 또는 증발접시를 미리 105~110℃에서 1시간 건조시킨 다음 실리카겔 등 흡습제가 있는 데시케이터 안에서 식힌 후 사용하기 직전에 무게를 잰다.
    ㉡ 시료 적당량을 취하여 칭량병 또는 증발접시와 시료의 무게를 정확히 단다.
    ㉢ 105~110℃의 건조기 안에서 4시간 이상 항량이 될 때까지 건조시킨 다음 실리카겔 등 흡습제가 있는 데시케이터 안에 넣어 식힌 후 무게를 정확히 단다.

⑦ 결과보고

시료와 칭량병 또는 증발접시의 무게로부터 다음 식에 따라 시료의 수분 함량(%)을 계산한다.

$$\text{수분(\%)} = \frac{(W_2 - W_3)}{(W_2 - W_1)} \times 100 = \frac{\text{수분}}{\text{시료}} \times 100$$

- W_1 = 칭량병 또는 증발접시의 무게(g)
- W_2 = 건조 전의 칭량병 또는 증발접시와 시료의 무게(g)
- W_3 = 건조 후의 칭량병 또는 증발접시와 시료의 무게(g)

UNIT 03 토양오염 정밀조사

1 조사방법

(1) 조사절차

토양정밀조사는 기초조사, 개황조사, 정밀조사의 순서에 따라 3단계로 실시한다. 다만, 토양오염도검사 결과 우려기준을 초과한 특정토양오염관리대상시설과 토양오염물질 운반차량 전복, 지상저장시설의 파손에 따른 오염물질의 유출 등 오염사고 발생지역에 대하여는 개황조사를 생략하고 바로 정밀조사를 실시할 수 있다.

① **기초조사**

자료조사, 청취조사 및 현지조사 등을 통하여 토양오염 가능성 유무를 판단하기 위한 것으로 다음과 같은 방법으로 조사한다.
  ㉠ 토지사용 이력 및 오염현황 조사
  ㉡ 시설내역조사
  ㉢ 현지 확인조사
  ㉣ 기타

② **개황조사**

오염토양 정화 및 토양오염 방지를 위한 조치가 필요한 지역의 오염물질 종류, 오염면적 및 오염범위 등을 파악하기 위한 사전 개략조사이며, 이를 기준으로 정밀조사를 실시한다.

㉠ 광산활동 관련지역

ⓐ 표토(지표면 하부 15cm까지를 말한다. 이하 같다)

시료채취지점수는 오염가능지역의 면적이 100,000㎡ 이하일 경우에는 10,000㎡당 1개 이상의 지점으로 하고, 100,000㎡를 초과할 경우에는 100,000㎡까지는 10,000㎡당 1개 이상의 지점과 100,000㎡을 초과할 때부터는 50,000㎡당 1개 이상의 지점을 선정

〈표 1〉 광산활동 관련지역의 시료채취 지점 수 산정기준

조사면적	시료채취 지점 수 산정기준	최소지점 수
면적≤10,000㎡	10,000㎡당 1개 이상	1
10,000㎡＜면적≤20,000㎡		2
:		:
90,000㎡＜면적≤100,000㎡		10
100,000㎡＜면적≤150,000㎡	100,000㎡까지는 10,000㎡당 1개 이상과 100,000㎡를 초과할 때부터는 50,000㎡당 1개 이상 추가	11
150,000㎡＜면적≤200,000㎡		12
200,000㎡＜면적≤250,000㎡		13
:		:

ⓑ 심토

표토 시료 수 3개 지점 당 1개 지점 이상의 비율(최소 1개 지점 이상)로 지표면에서 1m까지를 기준으로 토양을 채취하며, 시료는 0~15cm, 15~30cm, 30~60cm, 60~100cm 깊이의 간격에서 각각 1점 이상씩 채취

㉡ 폐기물 매립 및 재활용지역

ⓐ 표토

시료채취 지점수는 오염가능지역의 면적이 10,000㎡ 이하일 경우에는 1,000㎡당 1개 이상 지점으로 하고, 10,000㎡를 초과할 경우에는 10,000㎡까지는 1,000㎡당 1개 이상의 지점과 10,000㎡을 초과할 때부터는 2,000㎡당 1개 이상의 지점을 선정

〈표 2〉 폐기물 매립 및 재활용지역 시료채취 지점 수 산정기준

조 사 면 적	시료채취 지점 수 산정기준	최소지점 수
면적≤1,000㎡	1,000㎡당 1개 이상	1
1,000㎡＜면적≤2,000㎡		2
:		:
9,000㎡＜면적≤10,000㎡		10
10,000㎡＜면적≤12,000㎡	10,000㎡까지는 1,000㎡당 1개 이상과 10,000㎡를 초과할 때부터는 2,000㎡당 1개 이상 추가	11
12,000㎡＜면적≤14,000㎡		12
:		:

ⓑ 심토

　가. 오염우려심도가 15m 이내일 경우

　　표토 시료 수 3개 지점 당 1개 지점 이상의 비율로 채취(최소 1개지점 이상)하며, 그 깊이는 원칙적으로 지표면에서 15m 깊이까지로 하여 2.5m 이내의 간격에 1점 이상의 시료를 채취하고, 15m 이내에 암반층(불투수층을 말한다. 이하 같다)이 나타나면 그 깊이까지로 한다.

〈표 3〉 심도별 시료채취 지점 수

조사 깊이(m)	시료채취 지점수	시료채취 간격(m)
0~5.0	총 5점 이상	1.0 이내
0~7.5		1.5 이내
0~10		2.0 이내
0~15	총 6점 이상	2.5 이내
15 초과	2.5m 당 1점 이상 추가	2.5 이내

　나. 오염우려심도가 깊이 15m를 초과하는 경우

　　토양이 오염된 깊이까지 시료를 채취하되, 15m를 초과하는 지점부터는 2.5m 간격에 1점 이상의 토양시료를 추가로 채취

　다. 매립 또는 재활용 층이 깊이 15m를 초과한 경우

　　폐기물 매립 또는 재활용 층의 하단부가 지표면에서 깊이 15m를 초과한 지점에 위치한 경우 그 하단부에서 최소 5m 이상의 깊이까지 2.5m 간격에 1점 이상의 시료를 추가로 채취

> 💡 시료채취 지점 수 산정(예 매립하단부가 20m에 위치한 경우)
> 깊이 15m까지 6점 이상, 15m부터 25m까지 2.5m 간격으로 4점 이상을 추가로 채취하여 총 10점 이상의 시료를 채취

ⓒ 산업지역

　ⓐ 표토

　　시료채취 지점수는 오염가능지역의 면적이 1,000㎡ 이하일 경우에는 500㎡당 1개 이상 지점으로 하고, 1,000㎡를 초과할 경우에는 1,000㎡까지는 500㎡당 1개 이상의 지점과 1,000㎡을 초과할 때부터는 1,000㎡당 1개 이상의 지점을 선정

〈표 4〉 산업지역의 시료채취 지점 수 산정기준

조사면적	시료채취 지점 수 산정기준	최소지점 수
면적≤500㎡	500㎡당 1개 이상	1
500㎡<면적≤1,000㎡		2
1,000㎡<면적≤2,000㎡	1,000㎡까지는 500㎡당 1개 이상과 1,000㎡를 초과할 때부터는 1,000㎡당 1개 이상 추가	3
2,000㎡<면적≤3,000㎡		4
3,000㎡<면적≤4,000㎡		5
⋮		⋮

ⓑ 심토
  가. 표토 시료 수 3개 지점 당 1개 지점 이상 비율로 채취(최소 1개 지점 이상)하며, 그 깊이는 원칙적으로 지표면에서 15m 깊이까지로 하여 2.5m 이내 간격으로 1점 이상의 시료를 채취하되, 15m 이내에서 암반층이 나타나면 그 깊이까지로 함(표 3 참조)
  나. 심토 채취대상 중 토양오염물질 저장시설이 15m를 초과한 깊이까지 설치된 경우 저장시설 하부에서 5m 깊이까지 2.5m 간격으로 1점 이상의 시료를 추가로 채취함

ⓔ 기타 지역
  ⓐ 대상지역 : 유류사고 지역 등 토양오염물질 유출로 인한 토양오염발생 가능지역
  ⓑ 대상시료 : 토양(표토·심토), 오염확산의 우려 등 필요한 경우 지하수 및 주변수계의 하천수 등을 포함
  ⓒ 시료채취 밀도 및 심도
    가. 표토
      시료채취 지점 수는 오염가능지역의 면적이 1,000㎡ 이하일 경우에는 500㎡당 1개 지점 이상으로 하고, 1,000㎡를 초과할 경우에는 1,000㎡까지는 500㎡당 1개 이상의 지점과 1,000㎡을 초과할 때부터는 1,000㎡당 1개 이상의 지점을 선정(시료채취 지점 수 산정은 〈표 4〉 참조). 다만, 토양오염물질 유출 등의 사고가 발생된 지역은 유출 및 확산우려 지역을 대상으로 시료를 채취
    나. 심토
      ㄱ. 오염사고 발생지역 : 사고로 토양오염물질이 누출된 경우 누출 및 확산우려 지역을 중심으로 지질특성을 고려하여 시료채취 깊이를 2m 이상으로 하되, 2m까지는 50㎝, 2m 초과 지점은 1m 간격으로 시료를 채취
      ㄴ. 기타 지역 : 표토 시료 수 3개지점 당 1개 지점 이상의 비율로 채취(최소 1개 지점 이상)하며, 그 깊이는 지표면에서 15m 깊이까지로 하여 2.5m 이내 간격으로 1점 이상씩 시료를 채취하고, 15m 이내에 암반층이 나타나면 그 깊이까지로 함(〈표 3〉참조).
  ⓓ 시료채취방법
    시료채취는 오염가능성이 큰 지점을, 토양오염물질 운송차량 전복 등 오염사고 발생지역은 오염물질 유출지역을 중심으로 시료를 채취

③ 정밀조사(상세조사)

개황조사 결과 우려기준을 초과하거나 오염이 우려되는 농도(중금속과 불소는 우려기준의 70%, 그 밖의 오염물질은 우려기준의 40%를 초과하는 농도를 말한다. 이하 같다)에 해당하는 지역과 심도를 대상으로 정밀조사(상세조사)를 실시한다.

> 💡 **정밀조사지역**
> - 광산활동 관련지역
> - 산업지역
> - 폐기물 매립 및 재활용지역
> - 사격장

④ 공통사항

㉠ 시료채취 등 조사지점 선정에 대하여 개황조사 또는 정밀조사 방법에서 별도의 규정이 없는 경우에는 시료채취밀도를 고려하여 "고정격자법" 또는 "임의격자법"에 준하여 선정하는 것을 원칙으로 함. 다만, 조사지점에 건물 등 지장물이 위치하여 시료채취가 불가능한 등 불가피한 경우 일부 지점의 위치를 조정하여 선정 가능

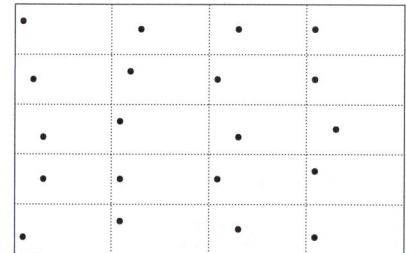

〈고정격자법〉　　　　　　　　〈임의격자법〉

㉡ 시료량, 시료의 운반 및 보관 : 토양오염공정시험기준과 수질오염공정시험기준 및 폐기물공정시험기준에서 규정한 시료채취 및 보관 방법 등을 따름

2 오염등급의 구분

등급	등급기준	색 구분	예시
I	토양오염우려기준의 40%(중금속과 불소는 70%) 이하인 지역	흰색	4(7) 이하
II	토양오염우려기준의 40%(중금속과 불소는 70%) 초과부터 토양오염우려기준 이하인 지역	녹색	4(7) 초과 10 이하
III	토양오염우려기준 초과부터 토양오염대책기준 이하인 지역	노란색	10 초과 20 이하
IV	토양오염대책기준 초과지역	빨강색	20 초과

예 토양오염우려기준이 10mg/kg, 토양오염대책기준이 20mg/kg으로 가정하였을 경우 오염등급 판정

UNIT 04 토양오염평가

1 위해성 평가방법 및 절차

(1) 위해성평가 방법

① **평가대상지역**
  ㉠ 상시측정·토양오염실태조사 또는 토양정밀조사의 결과 우려기준을 넘는 지역 중 오염원인자를 알 수 없거나 오염원인자에 의한 정화가 곤란하다고 인정되는 지역
  ㉡ 토양보전대책지역(이하 "대책지역"이라 한다)에서 오염원인자가 존재하지 아니하거나 오염원인자에 의한 오염토양개선사업의 실시가 곤란하다고 인정되는 지역

② **평가대상 오염물질 선정**
  ㉠ 토양오염 위해성평가 대상 오염물질은 토양환경보전법의 규정에 따른 다음 각호의 토양오염물질에 한한다.
    ⓐ 유류 : 벤젠, 에틸벤젠, 톨루엔, 크실렌
    ⓑ 중금속류 : 카드뮴, 구리, 비소, 수은, 납, 6가크롬, 아연, 니켈
  ㉡ 토양오염 위해성평가 대상지역에서 다양한 오염원인 물질이 존재할 경우 발암(의심)물질에 대해 우선적으로 위해성평가를 실시한다. 단, 발암(의심)물질은 벤젠, 비소, 카드뮴(흡입경로), 크롬(흡입경로), 니켈(흡입경로)로 하며, 이외의 물질은 비발암물질로 구분한다.

(2) 인체/건강 위해성평가

① **위해성평가 절차 및 내용**
  ㉠ **유해성 확인** : 모든 단계에서 필요로 하는 자료를 수집하는 단계로, 오염물질의 종류 및 양, 그 오염물질의 독성, 이동경로, 축적성, 발암성, 인체분포 및 대사 등의 자료를 수집하는 단계이다.
  ㉡ **용량-반응평가(독성평가)** : 오염대상물질에 인체가 노출되었을 때 유해한 영향이 발생할 확률을 추정하는 과정으로 발암성 및 비발암성 물질에 대한 구분이 필요하다.
  ㉢ **노출 평가** : 실제적인 노출 환경으로부터 노출 가능한 인구집단의 노출량을 평가하는 단계이다.
    ⓐ 노출경로
      • 섭취 : 농작물, 지하수
      • 흡입 : 실외 공기, 실내 공기
      • 피부접촉 : 오염 토양
    ⓑ 인체 노출량 및 위해도 산정 : 배출원, 환경오염 측정자료 또는 예측자료를 이용하여 환경 중 농도를 노출경로를 고려하여 인체의 일일노출량으로 표현한다.
  ㉣ **위해도 결정** : 도출된 정보를 종합하여 유해영향이 발생할 확률을 결정한다.

(3) 생태계/환경 위해성 평가

① **문제의 구체화** : 위해성 관리를 위해 오염물질을 정량적·정성적으로 분석하고 노출정도를 고려하여 예비적인 규정을 설립한다.
  ㉠ 유해인자의 확인
  ㉡ 생태학적 종말점 선정
② **노출평가** : 노출 및 생태학적 영향에 대한 분석하는 단계로 노출원에 접촉이 일어나는 메커니즘, 접촉빈도, 양, 지체시간을 정량화하는 과정이다.
  ㉠ 이동 및 분포
  ㉡ 노출경로와 유입량
  ㉢ 노출규모에 따른 영향
  ㉣ 측정, 모델 및 감시
③ **유해인자-반응 관계에 대한 생태학적 영향** : 유해인자의 노출량과 반응관계를 측정하는 단계이다.
④ **위해도 결정** : 유해성과 노출을 고려하여 위해성을 규명하고 모든 유해한 효과를 종합적으로 제시하는 단계이다.

(4) 사전복원목표에 대한 위해성 평가 단계(PRG)

① 1단계 : 우려대상 매체 확인
② 2단계 : 우려대상 화학물질 확인
③ 3단계 : 미래토지이용 여부 결정
④ 4단계 : 노출경로, 노출인자, 계산수식 확인
⑤ 5단계 : 독성정보
⑥ 6단계 : 목표 위해도 수준결정
⑦ 7단계 : PRG의 수정단계

2 부지환경평가

(1) 1단계 부지환경평가(phase 1 ESA)

1단계 조사는 특정 부지의 오염개연성을 확인하는 단계이다. 특정 부지가 오염물질로 건물, 지표수, 지하수, 토양으로 누출될 위험이 있거나 과거의 누출이 확인된 상황 하에서 오염물질이 과거 부지 내에 존재했던 사실을 확인하는 것이다.

① **서류 검토** : 대상부지와 관계된 서류를 검토하는 절차이다.
② **관계자 면담** : 방문, 전화, 서면으로 진행된다.
③ **현장조사** : 대상부지를 직접 방문하여 오염개연성을 관찰하고 기록한다.

(2) 2단계 부지환경평가(phase 2 ESA)

2단계 조사는 1단계 부지환경평가의 절차에 따라 오염개연성이 확인되면, 확인된 오염개연성에 대하여 시료 채취 및 분석을 통해 오염이 추정되는 물질에 의한 여부와 정도를 정확히 평가하는 단계이다.
① **작업계획 수립** : 대상부지 특성 파악, 토양시료 채취 계획, 오염물질 위해성 평가, 시료분석 설계
② **조사활동** : 현장스크린 및 현장분석, 토양시료 채취, 시료취급
③ **자료평가** : 가정의 검증, 토양 및 지하수 분석항목, 자료검증, 결과해석

3 특정토양오염관리대상시설

① **석유류의 제조 및 저장시설** : 총 용량이 2만리터 이상인 시설
② **유해화학물질의 제조 및 저장시설** : 토양오염물질을 저장하는 시설(유기용제의 경우 트리클로로에틸렌(TCE), 테트라클로로에틸렌(PCE))
③ **송유관 시설** : 송유관시설 중 송유용배관 및 탱크

UNIT 05 토양환경평가지침

1 항목

토양오염물질로 인한 토양오염을 평가대상으로 한다. 그 외의 오염물질에 의한 토양오염에 대해서는 필요한 경우 평가대상에 추가할 수 있다.

2 평가방법 및 절차

토양환경평가는 기초조사, 개황조사, 상세조사로 구분하여 단계별로 실시한다. 평가방법 및 절차는 다음과 같으며, 토양환경평가 대상부지의 오염개연성 여부에 따라 개황조사 또는 상세조사를 실시하지 아니하고 토양환경평가를 종료할 수 있다.

(1) 기초조사

대상부지의 토양오염개연성 여부를 판단하기 위해 자료조사, 현장조사 및 청취조사 등을 실시한다. 오염개연성이 있는 경우 오염가능성이 있는 지역과 오염물질의 종류 등을 추정한다.

① 자료조사　　　② 현장조사
③ 청취조사　　　④ 평가의견
⑤ 보고서 작성

(2) 개황조사

기초조사 결과 오염개연성이 확인된 지역의 오염물질의 종류와 개략적인 오염범위 등을 확인하기 위해 시료채취 및 분석을 포함하는 개황조사를 실시한다.

① 시료채취 방법

[시료채취 밀도 및 심도]

㉠ 표토(비포장 지역인 경우 지표면 하부 15cm, 포장된 지역인 경우 포장면 하부 15cm까지를 의미한다.)

시료채취 지점수는 오염가능지역의 면적이 500㎡ 이하일 경우에는 5개 이상 지점으로 하고, 1,000㎡ 까지는 6개 이상의 지점, 1,000㎡을 초과할 때부터는 1,000㎡당 1개 이상의 지점을 추가로 선정한다.

[시료채취 지점 수 산정기준]

조사면적	시료채취 지점 수 산정기준	최소지점 수
면적 ≤ 500m²	최소 채취지점수 5개 이상 500m²당 1개 이상	5
500m² < 면적 ≤ 1,000m²		6
1,000m² < 면적 ≤ 2,000m²	1,000m²를 초과할 때 부터는 1,000m²당 1개 이상 추가	7
2,000m² < 면적 ≤ 3,000m²		8
3,000m² < 면적 ≤ 4,000m²		9
...		...

㉡ 심토

표토 시료 수 3개 지점 당 1개 지점 이상 비율로 채취(최소 1개 지점 이상)하며, 그 깊이는 원칙적으로 지표면에서 15m 깊이까지로 하여 2.5m 이내 간격으로 1점 이상의 시료를 채취하되, 15m 이내에서 암반층이 나타나면 그 깊이까지로 한다. 다만, 기초조사 결과를 검토하여 지하저장시설이나 배관의 설치깊이 및 폐기물매립 가능성 등을 고려해 심도를 조정할 수 있다. 또한, 효과적인 조사를 위해 필요한 경우 트렌치조사 등을 시행할 수 있다.

㉢ 유류 및 유독물 등 저장시설이 설치된 경우 지상저장시설과 지하저장시설별로 저장시설과 주변 오염예상 지역에 대해 시료를 추가로 채취한다.

㉮ 지상저장시설

ⓐ 표토시료 : 저장시설 별로 주변의 4방위 지점 및 일정거리 이격된 지점에서 채취한다.

ⓑ 심토시료 : 표토시료 채취지점중 오염우려가 큰 1개 이상의 지점 및 오염확산이 예상되는 일정거리 이격된 1개 이상의 지점에서 15m 깊이까지 채취한다. 15m 이내에서 암반층이 나타나면 그 깊이까지로 한다.

④ 지하저장시설

저장시설 별로 주변의 4방위 지점 및 일정거리 이격된 1개 이상의 지점에서 표토시료 및 15m 깊이까지의 심토시료를 채취한다. 15m 이내에서 암반층이 나타나면 그 깊이까지로 한다.

저장시설의 바닥이 깊이 15m를 초과한 위치에 설치된 경우 저장시설 하부 5m 이상까지로 하되, 2.5m 이내 간격으로 1점 이상의 시료를 추가로 채취한다.

② 시료채취 지점

㉠ 심토의 시료채취 지점은 토양오염물질 저장 또는 사용시설 설치지역 등 토양오염의 우려가 큰 지점을 우선 대상으로 선정한다.

㉡ 토양오염물질 저장시설에 저장조실벽이 있는 경우 저장조실벽 외부로의 누출을 고려하여 시료채취지점을 선정한다.

㉢ 여러 개의 토양오염물질 저장시설 또는 토양오염물질 사용시설이 대상지역 내에 분산되어 있을 경우 각각의 시설 외곽 경계선을 기준으로 4방위에서 시료를 채취한다.

㉣ 기타 일반사항은 토양오염공정시험기준을 따른다.

③ 평가의견

㉠ 시료채취 결과를 종합적으로 평가하여 토양오염의 여부를 평가한다. 토양오염우려기준을 초과하거나 오염이 우려되는 농도(중금속과 불소는 우려기준의 70%, 그 밖의 오염물질은 우려기준의 40%를 초과하는 농도)를 초과하는 등 오염이 있는 경우 오염이 있는 지역과 오염물질의 종류 등을 판단한다.

㉡ 개황조사만으로 오염이 없다고 판단될 경우, 다음단계를 실시하지 아니하고 토양환경평가를 종료할 수 있다.

(3) 상세조사

개황조사결과 토양오염우려기준을 초과하거나 오염이 우려되는 농도(중금속과 불소는 우려기준의 70%, 그 밖의 오염물질은 우려기준의 40%를 초과하는 농도)를 초과하는 등 오염이 확인된 부지에 대해 오염물질의 종류 및 농도, 오염면적 및 범위를 평가하여 오염특성과 현황을 파악할 수 있도록 충분한 정보를 제시하도록 한다.

> 💡 **토양환경평가 최종보고서 단계**
> (1) 요약문   (2) 서론
> (3) 배경   (4) 조사방법
> (5) 결과   (6) 평가의견
> (7) 고찰   (8) 부록

UNIT 06 토양오염도 기기 분석방법

1 자외선/가시선분광법(UV측정법)

(1) 원리 및 적용범위

이 시험방법은 시료물질이나 시료물질의 용액 또는 여기에 적당한 시약을 넣어 발색시킨 용액의 흡광도를 측정하여 시료중의 목적성분을 정량하는 방법으로 파장 200nm ~ 1,200nm에서의 액체의 흡광도를 측정함으로써 다양한 오염물질 분석에 적용한다. 파장은 근적외부, 가시부, 자외부로 구분된다.

① 개요

램버어트 비어(Lambert-Beer)의 법칙에 의하여 시료의 액층을 통과한 후 흡광도를 측정하여 목적성분의 농도를 정량하는 방법이다.

[식] $I_t = I_o \cdot 10^{-\epsilon c \ell}$

- I_o : 입사광의 강도
- I_t : 투사광의 강도
- C : 농도
- ℓ : 빛의 투사거리
- ϵ : 비례상수로서 흡광계수

㉠ 투과도(t)

[식] $\dfrac{I_t}{I_o} = t$

㉡ 흡광도(A) : 투과도의 역수의 상용대수

[식] $\log \dfrac{1}{t} = A = \epsilon C \ell$

(2) 장치의 구성 및 특성

① 장치

㉠ 장치의 구성 : [암기TIP] 광 파 시 고!

[자외선/가시선분광법 분석장치]

ⓒ 광원부
   ⓐ 텅스텐램프 : 가시부와 근적외부
   ⓑ 중수소방전관 : 자외부
   [암기TIP] 가시오가피 연근 탕수육 중자!

ⓒ 파장선택부
   ⓐ 단색화장치 : 프리즘, 회절격자 또는 두가지를 조합시킨 것을 사용하며 단색광을 내기 위하여 슬릿을 부속시킨다.
   [암기TIP] 프 레 즐 (프리즘, 회절격자, 슬릿)
   ⓑ 필터 : 색유리 필터, 젤라틴 필터, 간접 필터 등을 사용한다.

ⓔ 시료부
   시료부는 흡수셀과 대조셀, 셀홀더를 사용한다.
   ⓐ 흡수셀 : 유리, 석영, 플라스틱제를 사용
     • 플라스틱셀 : 근적외부
     • 유리셀 : 가시부 및 근적외부
     • 석영셀 : 자외부
   ⓑ 대조셀
   ⓒ 셀홀더

ⓓ 측광부
   광전관, 광전자증배관, 광전도셀, 광전지 등을 사용한다.
   ⓐ 광전관, 광전자증배관 : 자외부 및 가시부
   ⓑ 광전지 : 가시부
   ⓒ 광전도셀 : 근적외부
   [암기TIP] 석자 / 광전관 자가 / 광전지 가 / 유리 가근 / 셀프 근

❷ 원자흡수분광광도법(AA)

(1) 원리 및 적용범위

이 시험방법은 시료를 적당한 방법으로 해리시켜 중성원자로 증기화하여 생긴 기저상태(Ground State or Normal State, 바닥상태)의 원자가 이 원자 증기층을 투과하는 특유파장의 빛을 흡수하는 현상을 이용하여 광전측광과 같은 개개의 특유 파장에 대한 흡광도를 측정하여 시료중의 원소농도를 정량하는 방법으로 대기 또는 배출 가스 중의 유해 중금속, 기타 원소의 분석에 적용한다.

① 용어
   ㉠ 역화 : 불꽃의 연소속도가 크고 혼합기체의 분출속도가 작을 때 연소현상이 내부로 옮겨지는 것

ⓒ 원자흡광도 : 어떤 진동수 i의 빛이 목적원자가 들어 있지 않는 불꽃을 투과했을 때의 강도를 Iov, 목적원자가 들어 있는 불꽃을 투과했을 때의 강도를 Iv라 하고 불꽃중의 목적원자농도를 c, 불꽃중의 광도의 길이(Path Length)를 ℓ라 했을 때

식 $E_{AA} = \dfrac{\log_{10} \cdot I_0 \nu / I \nu}{c \cdot \ell}$

로 표시되는 양을 말한다.

ⓒ 원자흡광(분광)분석 : 원자흡광 측정에 의하여 하는 화학분석
ⓔ 원자흡광(분광)측광 : 원자흡광 스펙트럼을 이용하여 시료 중의 특정원소의 농도와 그 휘선의 흡광정도(보통은 보정되지 않은 흡광도로 나타냄)와의 상관관계를 측정하는 것
ⓜ 원자흡광스펙트럼 : 물질의 원자증기층을 빛이 통과할 때 각각 특유한 파장의 빛을 흡수한다. 이 빛을 분산하여 얻어지는 스펙트럼을 말한다.
ⓑ 공명선 : 원자가 외부로부터 빛을 흡수했다가 다시 먼저 상태로 돌아갈 때 방사하는 스펙트럼선
ⓢ 근접선 : 목적하는 스펙트럼선에 가까운 파장을 갖는 다른 스펙트럼선
ⓞ 중공음극램프(속빈음극램프) : 원자흡광분석의 광원이 되는 것으로 목적원소를 함유하는 중공음극 한 개 또는 그 이상을 저압의 네온과 함께 채운 방전관
ⓩ 다음극 중공음극램프 : 두개 이상의 중공음극을 갖는 중공음극램프
ⓧ 다원소 중공음극램프 : 한 개의 중공음극에 두 종류 이상의 목적원소를 함유하는 중공음극램프
ⓚ 충전가스 : 중공음극램프에 채우는 가스
ⓣ 소연료불꽃 : 가연성가스와 조연성 가스의 비를 적게 한 불꽃 즉, 가연성 가스/조연성 가스의 값을 적게 한 불꽃
ⓟ 다연료 불꽃 : 가연성 가스/조연성 가스의 값을 크게 한 불꽃
ⓗ 분무기 : 시료를 미세한 입자로 만들어 주기 위하여 분무하는 장치
㋑ 분무실 : 분무기와 함께 분무된 시료용액의 미립자를 더욱 미세하게 해주는 한편 큰 입자와 분리시키는 작용을 갖는 장치
㋱ 슬롯버너 : 가스의 분출구가 세극상으로 된 버너
㋲ 전체분무버너 : 시료용액을 빨아올려 미립자로 되게 하여 직접 불꽃중으로 분무하여 원자증기화하는 방식의 버너
㋳ 예복합 버너 : 가연성 가스, 조연성 가스 및 시료를 분무실에서 혼합시켜 불꽃 중에 넣어주는 방식의 버너
㋴ 선폭 : 스펙트럼선의 폭
㋵ 선프로파일 : 파장에 대한 스펙트럼선의 강도를 나타내는 곡선
㋶ 멀티 패스 : 불꽃 중에서의 광로를 길게 하고 흡수를 증대시키기 위하여 반사를 이용하여 불꽃 중에 빛을 여러번 투과시키는 것

② 장치의 구성 및 특성

㉠ 장치의 개요

광원부 - 시료원자화부 - 단색화장치 - 광전자 증폭검출기 - 슬릿 - 기록부

ⓐ 광원부

　중공음극램프(속빈음극램프) : 원자흡광 스펙트럼선의 선폭보다 좁은 선폭을 갖고 휘도가 높은 스펙트럼을 방사하는 중공음극램프가 많이 사용된다.

ⓑ 시료원자화부

　시료원자화부는 시료를 원자증기화하기 위한 시료원자화 장치와 원자증기 중에 빛을 투과시키기 위한 광학계로 되어 있다.

ⓒ 불꽃

　ㄱ. 대부분의 원소분석 : 수소-공기, 아세틸렌-공기

　ㄴ. 원자 외 영역 : 수소-공기

　ㄷ. 불꽃온도가 낮고 일부 원소에 대하여 높은 감도를 나타냄 : 프로판-공기

　ㄹ. 불꽃의 온도가 높아 내화성산화물을 만들기 쉬운 원소분석 : 아세틸렌-아산화질소

　[암기TIP] 대부분은 수공아공 외수공 감프공 높아질

③ 조작 및 결과분석방법

ⓐ 검정곡선의 작성과 정량법

　ⓐ 검정곡선의 직선영역 [암기TIP] 검 저 양)

　　검정곡선은 일반적으로 **저농도** 영역에서는 **양호**한 직선성을 나타내지만 고농도 영역에서는 여러가지 원인에 의하여 휘어진다.

　ⓑ 정량방법

　　ㄱ. 검정곡선법

　　ㄴ. 표준첨가법

　　ㄷ. 내부표준물질법

　　→ 자세한 설명은 위의 정도관리/정도보증 파트 참고

　ⓒ 간섭(화분에 물주자)

　　ㄱ. 화학적 간섭

　　ㄴ. 분광학적 간섭

　　ㄷ. 물리적 간섭

③ 유도결합플라즈마 원자발광분광법(ICP)

(1) 원리 및 적용범위

시료를 고주파유도코일에 의하여 형성된 알곤 플라즈마에 주입하여 6,000~8,000K에서 여기된 원자가 바닥상태로 이동할 때 방출하는 발광선 및 발광강도를 측정하여 원소의 정성 및 정량분석에 이용하는 방법이다.

(2) 장치의 구성

시료주입부 - 고주파전원부 - 광원부 - 분광부 - 연산처리부 및 기록부 (암기TIP 시 고 광 분 연 기)

(3) 조작 및 결과분석방법

① 플라즈마가스의 준비

　　알곤가스 : 액체 알곤 또는 압축 알곤가스로 순도 99.99%(V/V%) 이상의 것

② 시료의 분석

　㉠ 정성분석

　　ⓐ 시료용액을 플라즈마에 주입하여 스펙트럼선 강도를 측정한다.
　　ⓑ 각 원소를 특유의 스펙트럼선(파장과 발광강도비)을 검색하여 그 존재유무를 확인한다.

　㉡ 정량분석

　　ⓐ 검정곡선법, ⓑ 내부표준법(상대검정곡선법), ⓒ 표준첨가법

③ 간섭과 대책

　㉠ 간섭

　　ⓐ 광학 간섭, ⓑ 물리적 간섭

　㉡ 대책

　　ⓐ 바탕선 보정, ⓑ 연속 희석법, ⓒ 표준물질 첨가법, ⓓ 전파장 분석

❹ 기체크로마토그래피법(GC)

(1) 원리 및 적용범위

이 법은 기체시료 또는 기화한 액체나 고체시료를 운반가스(carrier gas)에 의하여 분리, 관내에 전개시켜 기체상태에서 분리되는 각 성분을 크로마토그래피 적으로 분석하는 방법으로 일반적으로 무기물 또는 유기물의 대기오염 물질에 대한 정성, 정량 분석에 이용한다.

(2) 장치의 구성 및 특성

① 장치의 구성 (암기TIP 시 분 검 기)

　운반가스입구 - 유량조절기 - 압력계/유량계 - 시료도입부 - 분리관 - 검출기 - 기록부

　㉠ 구분

　　ⓐ 기체-고체 크로마토그래피 : 충전물로서 흡착성 고체분말을 사용
　　ⓑ 기체-액체 크로마토그래피 : 적당한 담체(solid support)에 고정상 액체를 함침시킨 것을 사용

② 검출기

　ⓐ 열전도도 검출기(thermal conductivity detector, TCD)

　　ⓐ 거의 모든 물질의 분석이 가능하고, 특히나 CO 검출에 효과적

　　ⓑ 운반기체 : 수소 또는 헬륨

　ⓑ 불꽃이온화 검출기(flame ionization detector, FID)

　　ⓐ 대부분의 유기화합물(탄화수소류 등)의 검출이 가능하고, 가장 많이 사용된다.

　　ⓑ 운반기체 : 질소 또는 헬륨

　ⓒ 전자 포획 검출기(electron capture detector, ECD)

　　ⓐ 할로겐, 벤젠, 유기염소계(벤조피렌, PCB 등), 니트로 화합물, 유기금속화합물의 분석에 많이 사용된다.

　　ⓑ 운반기체 : 질소 또는 헬륨

　ⓓ 질소인 검출기(nitrogen phosphorous detector, NPD)

　　ⓐ 질소, 인 화합물의 검출에 많이 사용된다.

　ⓔ 불꽃 광도 검출기(flame photometric detector, FPD)

　　ⓐ 황 또는 인 화합물의 검출에 많이 사용된다. 특히 CS_2의 검출에 유효하다.

③ 운반가스

　운반가스(carrier gas)는 충전물이나 시료에 대하여 불활성이고 사용하는 검출기의 작동에 적합한 것을 사용한다.

　ⓐ 열전도도형 검출기(TCD)에서는 순도 99.8% 이상의 수소나 헬륨을 사용 (암기TIP) 열 수 헬

　ⓑ 불꽃이온화 검출기(FID)에서는 순도 99.8% 이상의 질소 또는 헬륨을 사용 (암기TIP) 불 질 헬

④ 정제용 컬럼

　ⓐ 실리카겔 컬럼, ⓑ 플로리실 컬럼, ⓒ 활성탄 컬럼

(3) 조작 및 결과분석방법

① 분리의 평가

　ⓐ 분리관 효율

$$\text{이론단수}(n) = 16 \times \left(\frac{t_R}{W}\right)^2$$

- t_R : 시료도입점으로부터 봉우리 최고점까지의 길이(보유시간)
- W : 봉우리의 좌우 변곡점에서 접선이 자르는 바탕선의 길이
- $HETP = \dfrac{L}{n}$
- L : 분리관의 길이(mm)

ⓛ 분리능

$$\text{분리계수}(d) = \frac{t_{R2}}{t_{R1}}$$

$$\text{분리도}(R) = \frac{2(t_{R2} - t_{R1})}{W_1 + W_2}$$

- t_{R1} : 시료도입점으로부터 봉우리 1의 최고점까지의 길이
- t_{R2} : 시료도입점으로부터 봉우리 2의 최고점까지의 길이
- W_1 : 봉우리 1의 좌우 변곡점에서의 접선이 자르는 바탕선의 길이
- W_2 : 봉우리 2의 좌우 변곡점에서의 접선이 자르는 바탕선의 길이

② **정량분석** : 암기TIP 정양에게 절대 상표 보이지 마라!

㉠ **절대검정곡선법** : 정량하려는 성분으로 된 순물질을 단계적으로 취하여 크로마토그램을 기록하고 피크넓이 또는 피크높이를 구한다. 이것으로부터 성분량을 횡축에 피크넓이 또는 피크 높이를 종축에 취하여 검정곡선을 작성한다.

㉡ **상대검정곡선법(내부표준법)** : 정량하려는 성분의 순물질(X) 일정량에 내부표준물질(S)의 일정량을 가한 혼합시료의 크로마토그램을 기록하여 피크넓이를 측정한다. 횡축에 정량하려는 성분량(MX)과 내부표준물질량(MS)의 비(MX/MS)를 취하고 종축에 분석시료의 크로마토그램에서 측정한 정량한 성분의 피크넓이(AX)와 표준물질 피크넓이(AS)의 비(AX/AS)를 취하여 같은 검정곡선을 작성한다.

㉢ **표준물첨가법** : 시료의 크로마토그램으로부터 피검성분 A 및 다른 임의의 성분 B의 피크 넓이 a1 및 b1을 구한다.

㉣ **보정넓이 백분율법** : 주입한 시료의 전성분이 용출하며 또한 용출 전성분의 상대감도가 구해진 경우에는 다음 식에 의하여 정확한 함유율을 구할 수 있다.

$$X_i(\%) = \frac{\dfrac{A_i}{f_i}}{\sum_{i=1}^{n} \dfrac{A_i}{f_i}} \times 100$$

㉤ **넓이 백분율법** : 크로마토그램으로부터 얻은 시료 각 성분의 피크면적을 측정하고 그것들의 합을 100으로 하여 이에 대한 각각의 피크넓이 비를 각 성분의 함유율로 한다.

5 이온크로마토그래피법(IC)

(1) 원리 및 적용범위

이 방법은 이동상으로는 액체, 그리고 고정상으로는 이온교환수지를 사용하여 이동상에 녹는 혼합물을 고분리능 고정상이 충전된 분리관내로 통과시켜 시료성분의 용출상태를 전도도 검출기 또는 광학 검출기로 검출하여 그 농도를 정량하는 방법으로 일반적으로 강수(비, 눈, 우박 등), 대기먼지, 하천수 중의 이온성분(Cl, F, Br, NO_3, NO_2, SO_4, PO_4 등 주로 음이온)을 정성, 정량 분석하는데 이용한다.

(2) 장치의 구성 및 특성

① 장치의 개요 (암기TIP) 용 액 시료 분리관 써)

[이온크로마토그래프의 구성]

② 장치별 특성

㉠ 시료주입장치 (암기TIP) 시 루 떡)

일정량의 시료를 밸브조작에 의해 분리관으로 주입하는 루프주입방식이 일반적이며 셉텀(Septum)방법, 셉텀레스(Septumless)방식 등이 사용되기도 한다.

㉡ 써프렛서

써프렛서란 용리액에 사용되는 전해질 성분을 제거하기 위하여 분리관 뒤에 직렬로 접속시킨 것으로써 전해질을 물 또는 저전도도의 용매로 바꿔줌으로써 전기 전도도 셀에서 목적이온 성분과 전기 전도도만을 고감도로 검출할 수 있게 해주는 것이다.

써프렛서는 관형과 이온교환막형이 있으며, 관형은 음이온에는 스티롤계 강산형(H^+) 수지가, 양이온에는 스티롤계 강염기형(OH^-)의 수지가 충진된 것을 사용한다.

6 이온전극법

(1) 원리 및 적용범위

시료중의 분석대상 이온의 농도(이온활량)에 감응하여 비교전극과 이온전극간에 나타나는 전위차를 이용하여 목적이온의 농도를 정량하는 방법으로서 시료중 음이온(Cl^-, F^-, NO_2^-, NO_3^-, CN^-) 및 양이온(NH_4^+, 중금속 이온 등)의 분석에 이용된다.

(2) 장치의 구성 및 특성

① **장치의 구성**

전위차계, 이온전극, 비교전극, 시료용기 및 자석교반기, 온도계

㉠ **이온전극** : 분석대상 이온에 대한 고도의 선택성이 있고 이온농도에 비례하여 전위를 발생할 수 있는 전극으로서 그 감응막의 구성에 따라 측정되는 이온이 달라진다.

> 💡 **전극별 측정이온**
> ① 유리막전극 : Na^+, K^+, NH_4^+
> ② 격막형전극 : NH_4, NO_2, CN
> ③ 고체막전극 : F, Cl, CN, Pb, Cd, Cu, NO_3, Cl, NH_4

㉡ **비교전극** : 이온전극과 조합하여 이온농도에 대응하는 전위차를 나타낼 수 있는 것으로서 표준전위가 안정된 전극이 필요하다. 일반적으로 내부전극으로서 염화제일수은전극(칼로멜전극) 또는 은-염화은 전극이 많이 사용된다.

| 기출문제로 다지기 | **CHAPTER 01** 토양오염 조사 및 평가 |

01. 토양정밀조사는 크게 3단계로 실시된다. 각 단계의 명칭을 쓰시오.

해설 [토양정밀조사 단계]
① 1단계 : 기초조사
② 2단계 : 개황조사
③ 3단계 : 상세조사

02. 괄호안에 알맞은 수치나 용어를 쓰시오.

(1) 특정토양오염 유발시설인 유류 탱크의 채취지점은 저장시설의 끝단으로부터 수평방향으로 (　)m 이상 떨어진 지점에서 이격거리의 (　)배 깊이까지로 한다.

(2) 특정토양오염 유발시설인 유류 탱크의 외부에서 시료 채취시 (　) 끝단을 기준으로 한다.

해설 (1) 특정토양오염 유발시설인 유류 탱크의 채취지점은 저장시설의 끝단으로부터 수평방향으로 (1)m 이상 떨어진 지점에서 이격거리의 (1.5)배 깊이까지로 한다.
(2) 특정토양오염 유발시설인 유류 탱크의 외부에서 시료 채취시 (방유조) 끝단을 기준으로 한다.

03. 토양오염의 위해성 평가에서 건강위해성 평가의 과정 4단계를 쓰시오.

해설 ① 유해성 확인
② 용량 – 반응 평가
③ 노출 평가
④ 위해도 결정

04. 1단계 부지환경평가와 2단계 부지환경평가의 차이점을 서술하시오.

해설 1단계 부지환경평가는 오염개연성을 확인하는 단계인 반면, 2단계 부지환경평가는 오염개연성이 확인된 현장에서 시료채취 및 분석을 통해 오염이 추정되는 물질에 의한 여부를 정확히 평가하는 단계이다.

05. 오염부지 토양 모니터링을 위해 주기적으로 토양을 채취하여 토양내 TPH농도를 분석하는 경우 분석을 위한 전처리 과정으로 토양오염공정 시험법에서 명시한 토양내 TPH성분을 추출하는 추출용매가 무엇인지 쓰시오.

해설 디클로로메탄

06. 토양오염도 조사 중 1단계 부지환경평가를 위한 내용을 3가지 쓰시오.

해설 서류검토, 관계자 면담, 현장조사

07. 흡광광도법의 가시부와 자외부의 광원을 쓰시오.
(1) 가시부

(2) 자외부

해설 (1) 가시부 : 텅스텐 램프
(2) 자외부 : 중수소 방전관

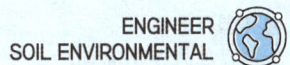

08. 토양오염 공정시험방법에서 BTEX분석시 메틸 알코올에 넣는 이유를 쓰시오.

> 해설 시료 중 대상오염물질을 추출하기 위하여

09. 저장물질이 없는 누출검사대상시설에 대하여 비파괴검사법으로 시설의 누출 및 결함여부를 판단하고자 할 때 필요한 장비 3가지를 쓰시오.

> 해설 자분탐상시험장비
> 침투탐상시험장비
> 초음파 두께측정기

10. 괄호 안에 알맞은 수치나 용어를 쓰시오.

> 분석용 시료 5g을 달아 50ml 비이커에 취하고 증류수(   )ml를 넣어 때때로 유리막대로 저어주면서 (   )시간 방치 후 pH 미터를 pH 표준액으로 잘 맞춘 다음 깨끗하게 씻어 말린 유리전극 및 표준 전극을 넣고 (   )초 이내로 읽는다.

> 해설 분석용 시료 5g을 달아 50ml 비이커에 취하고 증류수(25)ml를 넣어 때때로 유리막대로 저어주면서 (1)시간 방치 후 pH 미터를 pH 표준액으로 잘 맞춘 다음 깨끗하게 씻어 말린 유리전극 및 표준 전극을 넣고 (60)초 이내로 읽는다.

11. 괄호 안에 알맞은 수치나 용어를 쓰시오.

> BTEX시험용 시료는 일정 깊이에서 채취한 토양을 즉시 (   )를 이용하여 약 (   )g 채취하여 BTEX시험용 (   ) 10ml를 넣고 미리 무게를 정밀히 단 30ml 용량의 (   )에 넣고 마개로 막아 밀봉한 후 0~4℃의 냉장상태로 보관하여 실험실로 운반한다.

> 해설 BTEX시험용 시료는 일정 깊이에서 채취한 토양을 즉시 (주사기 또는 코어샘플러)를 이용하여 약 (5~10)g 채취하여 BTEX시험용 (메틸알코올) 10ml를 넣고 미리 무게를 정밀히 단 30ml 용량의 (시험관)에 넣고 마개로 막아 밀봉한 후 0~4℃의 냉장상태로 보관하여 실험실로 운반한다.

12. 토양정밀조사 3단계를 쓰고 간단히 설명하시오.

해설 [토양정밀조사 3단계]
(1) 기초조사
자료조사, 청취조사 및 현지조사 등을 통하여 토양오염가능성 유무를 판단하기 위한 조사
(2) 개황조사
개황조사는 오염토양 정화 및 토양오염 방지를 위한 조치가 필요한 지역의 오염물질 종류, 오염면적 및 오염범위 등을 파악하기 위한 사전 개략조사이며, 이를 기준으로 정밀조사를 실시한다.
(3) 상세조사
상세조사는 개황조사 결과 우려기준을 초과하거나 오염이 우려되는 농도(중금속과 불소는 우려기준의 70%, 그 밖의 오염물질은 우려기준의 40%를 초과하는 농도를 말한다. 이하 같다.)에 해당하는 지역과 심도를 대상으로 상세조사를 실시한다.

13. 토양오염 사전복원목표에 대한 위해성 평가 7단계를 쓰시오.

해설 [사전복원목표에 대한 위해성 평가 단계(PRG)]
① 1단계 : 우려대상 매체 확인
② 2단계 : 우려대상 화학물질 확인
③ 3단계 : 미래토지이용 여부 결정
④ 4단계 : 노출경로, 노출인자, 계산수식 확인
⑤ 5단계 : 독성정보
⑥ 6단계 : 목표 위해도 수준결정
⑦ 7단계 : PRG의 수정단계

14. 다음 토양시료 채취지점도 도식에 해당하는 지역을 쓰고 선정방법을 쓰시오.

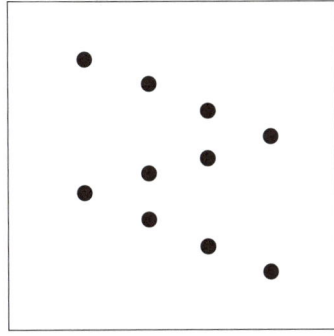

해설 지역 : 농경지
선정방법 : 대상지역 내에서 지그재그형으로 5~10개 지점을 선정한다.

15. 토양시료의 채취방법 중 일반지역에서의 농경지가 아닌 기타 지역의 시료 채취지점 선정에 대하여 설명하시오.

해설 공장지역·매립지역·시가지지역 등 농경지가 아닌 기타 지역의 경우는 대상지역의 중심이 되는 1개 지점과 주변 4방위의 5~10m 거리에 있는 1개 지점씩 총 5개 지점을 선정하되, 대상지역에 시설물 등이 있어 각 지점 간의 간격이 불충분할 경우 간격을 적절히 조절할 수 있다.

02 CHAPTER 토양의 이화학적 특성분석

UNIT 01 토양의 물리·화학적 특성

1 토양의 분류 및 특성

(1) 토양목 분류

현재 나와있는 분류법 중에 가장 객관적이며, 계량적인 분류체계입니다. 목, 아목, 대군, 아군, 속(과 또는 계), 통 등의 6단계로 목이 가장 큰 분류단계이고 아목, 대군으로 내려갈수록 하위단위가 됩니다.

① **알피졸(Alfisols)** : 점토집적층이 있으며, 염기포화도가 35% 이상인 토양
② **안디졸(Andisols)** : 화산회토. Allophane과 Al-유기복합체가 풍부한 토양
③ **아리디졸(Aridisols)** : 건조지대의 염류 토양으로 토양발달이 미약
④ **엔티졸(Entisols)** : 토양 생성 발달이 미약하여 층위의 분화가 없는 새로운 토양
⑤ **젤리졸(Gelisols)** : 영구동결층을 가지고 있는 토양
⑥ **히스토졸(Histosols)** : 물이 포화된 지역이나 늪지대에 분포하는 유기질 토양
⑦ **인셉티졸(Inceptisol)** : 토양의 층위가 발달하기 시작한 젊은 토양
⑧ **몰리졸(Mollisols)** : 초원지역의 매우 암색이고 유기물과 염기가 풍부한 무기질토양
⑨ **옥시졸(Oxisols)** : Al과 Fe의 산화물이 풍부한 적색의 열대토양. 풍화가 가장 많이 진척된 토양
⑩ **스포도졸(Spodosols)** : 심하게 용탈된 회백색의 용탈층을 가지고 있는 토양
⑪ **울티졸(Ultisols)** : 점토집적층이 있으며, 염기포화도가 35% 이하인 산성토양
⑫ **버티졸(Vertisols)** : 팽창성 점토광물 함량이 높아 팽창과 수축이 심하게 일어나는 토양

> 💡 **우리나라에 존재하고 있는 토양목**
> ① 인셉티졸(Inceptisol)   ② 엔티졸(Entisols)
> ③ 몰리졸(Mollisols)   ④ 알피졸(Alfisols)
> ⑤ 울티졸(Ultisols)   ⑥ 히스토졸(Histosols)
> ⑦ 안디졸(Andisols)

(2) 우리나라 토양의 특성

① 사질(모래)토양
② 낮은 유기물함량
③ 낮은 염기치환용량
④ 산성토양(pH 5.5~6)

(3) 암석의 분류

암석은 생성과정에 따라 세가지로 분류됩니다.

① **화성암** : 마그마가 화산으로 분출되거나 지중에서 천천히 냉각되어 만들어진 암석, 모든 암석의 근원

〈규산(SiO_2)함량에 따른 화성암의 구분〉

구분	산성암(SiO_2>66%)	중성암(SiO_2 52~66%)	염기성암(SiO_2<52%)
심성암	화강암	섬록암	반려암
반심성암	석영반암	섬록반암	휘록암
화산암	유문암	안산암	현무암

② **퇴적암** : 퇴적활동에 의해 만들어진 암석으로 성층암 또는 침전암이라고 불림
  • 퇴적암의 종류 : 사암, 역암, 혈암, 석회암, 응회암
③ **변성암** : 화강암이나 퇴적암이 화산작용이나 지각변동시 고압과 고열에 의해 변성작용을 받아 생성되는 암석
  • 변성암의 종류 : 편마암, 점판암, 천매암, 규암, 대리석

(4) 지구의 6대 조암광물의 구성 : 석영, 장석, 운모, 각섬석, 휘석, 감람석

2 토양의 구성

(1) 토양의 3상

고상(토양입자), 액상(토양 내 수분), 기상(토양 내 공기)
→ 지상공기보다 산소 적고, 아르곤과 탄산가스 많음

(2) 토양무기물

① **1차광물** : 마그마가 냉각되어 생성된 광물
  • 석영, 장석, 운모, 각섬석, 휘석, 감람석
② **2차광물** : 1차광물이 풍화작용이나 변성작용에 의해 새롭게 생성되거나 성질이 변화된 광물
  • 점토광물 : 점토광물의 종류는 다음파트에서 설명하겠습니다.

(3) 토양유기물

① **부식질(humus)** : 유기물이 미생물 분해작용으로 만들어진 토양형태
  ㉠ 부식탄(humin) : 산과 알칼리에 모두 녹지 않음, 고분자화합물, 중합 정도가 높은 분자량이 큰 부식, 탄소는 많고 산소는 적다.
  ㉡ 펄빅산(fulvic acid) : 산과 알칼리에 모두 녹음, 고분자화합물, 산소는 많고 탄소는 적다.
  ㉢ 휴믹산(humic acid) : 알칼리에 녹고, 산에 녹지 않음, 복합 방향족 고분자화합물
  ㉣ 울믹산(ulmic acid) : 휴믹산에 알코올을 넣었을 때 녹은 물질
② **비부식질** : 유기물이 미분해 또는 부분분해된 토양형태

(4) 토양수분

① **중력수** : 중력에 의해서 토양입자 사이를 이용하거나 지하로 침투하는 수분, 식물이 직접적으로 이용할 수 있고, 지하수원을 구성합니다. 제거하기 가장 쉽습니다.
② **모세관수(모관결합수)** : 흡습수의 외부에 표면장력과 중력이 평형을 유지해 존재하는 수분, 식물이 직접적으로 이용할 수 있습니다. 외력에 의해 제거 가능합니다.

$$h(\text{모세관 현상에 의한 물의 상승높이}) = \frac{4\sigma \cos\theta}{\gamma d}$$

- σ : 표면장력(dyne/cm)
- d : 관의 직경
- θ : 각도
- γ : 비중량(밀도)

③ **흡습수(부착수)** : 토양입자와 물리적으로 흡착한 수분으로 식물이 직접적으로 이용할 수 없고, 가열 또는 건조하면 제거 가능합니다.
④ **결합수(화학수)** : 토양입자와 화학적으로 결합하여 토양분자 중에 존재하는 수분으로 가열하여도 제거되지 않습니다.

> 💡 제거하기 용이한 순서 : 중력수 > 모세관수 > 흡습수 > 결합수

⑤ **pF** : 토양수가 입자에 흡착되어 있는 강도를 수주높이에 상용대수를 취하여 나타낸 지표

$$pF = \log h$$

- h : 수주(cm)

> 💡 토양수분의 측정방법 : 전기저항법, 중성자법, TDR법, 장력계(tensionmeter)법, psychrometer법

> 💡 토양수분의 pF 크기 순서 : 결합수 > 흡습수 > 모세관수 > 중력수

(5) 토층

토양은 시간의 흐름에 따라 풍화와 유기물의 분해 및 수분의 이동과정을 통해 그 특징이 변화하고, 형성시간의 차이에 따라 토층별로 각각의 특징을 나타냅니다.

토양단면의 형성과정

1. 변형작용 : 풍화, 유기물 분해와 같이 토양성분의 분해와 결합과정
2. 이동작용 : 유기 및 무기물질이 물과 유기물에 의해 상하로 이동하는 과정
3. 첨가작용 : 잎, 대기먼지, 지하수 등에 의해 성분이 첨가되는 작용
4. 제거작용 : 지하수에 의해 토양성분이 빠져나가는 작용
    ㉠ O층 : 유기물층으로 토양 단면의 최상층에 위치합니다.
      • O_1 : 유기물의 원형을 육안으로 식별할 수 있는 유기물층입니다.
      • O_2 : 유기물의 원형을 육안으로 식별할 수 없는 유기물층입니다.
    ㉡ A층(표토) : 용탈층으로 광물질이 풍부하며 분해된 유기물이 존재하고 색깔이 짙습니다.
      • A_1 : 부식화된 유기물과 광물질이 섞여있는 암흑백의 층입니다.
      • A_2 : 규산염점토와 철·알루미늄들의 산화물이 용탈된 용탈층입니다.
      • A_3 : A층에서 B층으로 이행하는 층위이나 A층의 특성을 좀더 지니고 있는 층입니다.
    ㉢ E층 : 광물층으로 최대용탈층이며 탈색된 토색을 가지고 있습니다.
    ㉣ B층(심토) : 광물층으로 점토, 철/알루미늄 산화물, 유기물이 존재하고, 토양의 구조가 뚜렷하게 구분되어 구조의 발달을 볼 수 있는 층입니다.
      • B_1 : A층에서 B층으로 이행하는 층위이나 A층의 특성을 좀 더 지니고 있는 층입니다.
      • B_2 : 규산염점토와 철·알루미늄 등의 산화물 및 유기물의 일부가 집적되는 층(집적층)입니다.
      • B_3 : C층으로 이행하는 층으로 C층보다 B층의 특성에 가까운 층입니다.
    ㉤ C층 : 모재층으로 바위와 광물이 혼합되어 있는 층입니다.
    ㉥ R층 : 기반암, 풍화작용 없습니다.

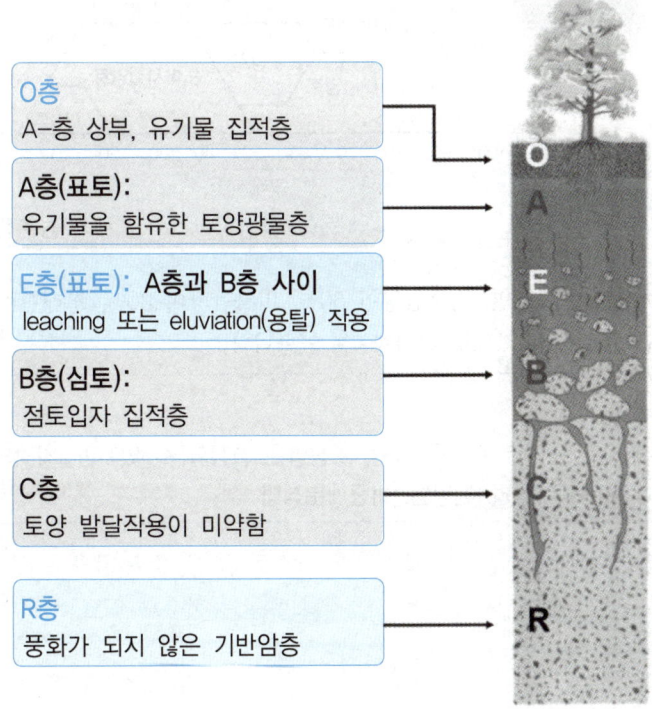

(6) 토성

토성은 토양의 물리적 성질들 중 가장 기본이 되는 성질입니다. 토성은 모래와 미사, 점토의 함량비에 따라 결정됩니다. 미국 농무성기준으로 직경 2mm 이상의 토양입자는 자갈로 분류됩니다.

① **모래(sand)** : 직경 0.05~2mm로 토양의 골격형성을 도우며 입자간 공극을 크게 하여 통기·배수를 좋게함
② **미사(silt)** : 직경 0.002~0.05mm(2~5㎛)로 일부 골격 역할을 하고, 점착성과 가소성은 없으나, 미사의 표면에 점토입자가 흡착되면서 약간의 가소성과 응집성이 있음
③ **점토(clay)** : 직경 0.002mm(2㎛) 이하로 면적이 크고, 점착성·응집성이 큼

> 💡 **토성 삼각도**
> 왼쪽은 점토함량, 오른쪽은 미사함량, 아래쪽은 모래함량을 나타내며, 조사하고 싶은 토양의 토성함량을 연장선을 그어 각 연장선이 만나는 점을 찾으면, 그 점에 해당하는 토성이 해당 토양의 토성이 됩니다.

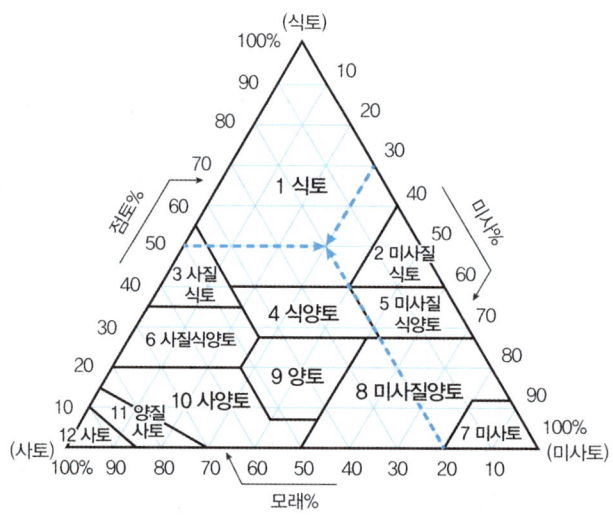

〈토성 삼각도〉   출처 : 농촌진흥청

그림의 토양의 토성을 살펴보면, 점토함량이 50%, 미사함량이 30%, 모래함량이 20%로 각 연장선이 만나는 교점을 보면 그림의 토양은 식토로 판단할 수 있습니다.

> 💡 **토성 결정방법**
> ① 촉감법 : 촉감으로 간이로 토성을 판단, 토성명은 결정할 수 있지만, 각각의 함량은 알 수 없습니다.
> ② 입경분석법 : 표준체측정법, 침강법, 비중계분석법

(7) 토양의 물리적 특성

① 밀도 : 질량 / 단위부피

식 진밀도(토양 중 고상 자체만의 밀도) $= \dfrac{m(\text{토양중고상의 질량})}{V(\text{토양중고상의 부피})}$

식 겉보기밀도(공극 포함) $= \dfrac{m(\text{토양의 질량})}{V(\text{토양의 용적})}$

식 자연상태에서 용적밀도 $(\rho_m) = \rho_s f_s + \rho_w f_1 + \rho_a f_a$

식 건조상태에서 용적밀도 $(\rho_d) = \rho_s f_s + \rho_a f_a$

공기의 밀도는 입자밀도에 비해 무시할 수 있을 정도로 작으므로 → $\rho_d = \rho_s f_s$

- ρ_s : 입자밀도
- ρ_a : 공기밀도
- f_1 : 토양 내 물의 용적비
- ρ_w : 물의 밀도
- f_s : 토양입자의 용적비
- f_a : 토양 내 공기의 용적비

② 공극률 : 토양 부피에 대한 공극의 부피의 비

식 $n = \dfrac{V_v}{V} = \dfrac{V_v}{V_s + V_v} = \dfrac{\epsilon}{1+\epsilon} = 1 - f_s = 1 - \dfrac{\rho_d}{\rho_s}$

→ $V_v = n \times V = n \times (V_s + V_v)$

- V_v : 공극의 부피
- V_s : 토양입자의 부피
- V : 전체토양의 부피
- ϵ : 공극비 $= \dfrac{V_v}{V_s}$

- $f_s = \dfrac{\rho_d}{\rho_s}$

③ 함수비와 포화도

식 함수비 $(Wt, \%) = \dfrac{W_w}{W_s} \times 100$

- W_w : 토양 내 물의 무게
- W_s : 토양 무게

식 포화도 $= \dfrac{V_w}{V_v}$

- V_w : 토양 내 물의 부피
- V_v : 공극 부피

④ 입도분포

$$\text{균등계수} = \frac{D_{60}}{D_{10}}$$

$$\text{곡률계수} = \frac{D_{30}^{\,2}}{D_{60} \times D_{10}}$$

- D_{60} : 입도분포 60%에 해당하는 직경
- D_{30} : 입도분포 30%에 해당하는 직경
- D_{10} : 입도분포 10%에 해당하는 직경(유효입경)

⑤ 입단

토양의 뭉쳐진 덩어리 형태를 말하며, 뭉쳐진 정도를 입단화도라고 합니다. 입단의 형성은 토양의 수분보유력과 통기성을 향상시킴으로 식물의 생육과 미생물의 성장에 좋은 영향을 줍니다. 입단화도의 산출은 토양을 24시간 물속에 담근 후 물속에서 체로 친 다음 남아 있는 양을 구한 것으로 입단화도는 토양의 뭉쳐져 있는 정도를 나타냅니다.

$$\text{입단화도(\%)} = \frac{(\text{건토중 체에 남아 있는 양} - \text{습토중 체에 남아 있는 양})}{\text{체를 통과한 전체 양}} \times 100$$

⑥ 분산도 : 토양의 분산도는 토양의 분산 정도를 나타내는 것입니다. 입단화도와 반대되는 특성입니다.

$$\text{분산계수} = \frac{\text{물에 담그고 24시간 후에 진탕했을 때의 } 0.002mm \text{ 이하의 입자량}}{\text{완전히 분산시킨 경우의 } 0.002mm \text{ 이하의 입자량}} \times 100$$

→ 푸리의 분산계수

$$\text{분산율} = \frac{\text{토양에 100배의 물을 가하여 진탕했을 때 } 0.05mm \text{ 이하의 입자량}}{\text{완전히 분산시킨 경우의 } 0.05mm \text{ 이하의 입자량}} \times 100$$

→ 미들턴의 분산율

⑦ 견지성

외부 요인에 의하여 토양구조가 변형되거나 파괴되는 데 대한 저항성 또는 토양입자 간의 응집성을 의미합니다.
㉠ 강성(견결성) : 토양이 건조하여 딱딱하게 굳어지는 성질, 점토입자가 많을수록 토양의 강성이 커지는 반면, 구상계 무정형광물이 많을수록 토양의 강성이 작아집니다.
㉡ 이쇄성 : 강성과 소성을 가지는 수분함량의 중간정도의 수분을 함유하고 있는 조건에서 토양에 힘을 가하면 쉽게 부스러지는데, 이러한 성질을 이쇄성이라고 합니다.
㉢ 가소성(소성) : 물기가 있는 토양에 외부의 힘을 가하여 형체를 변형시킨 다음, 힘을 제거하여도 변형된 그대로의 모양을 유지시키는 성질입니다. 점토함량이 증가하면 소성지수가 증가합니다.

식 소성지수(PI) = LL−PL

- 액성한계(LL) : 토양의 소성을 나타내는 최대의 수분함량
- 소성한계(PL) : 토양이 소성을 나타내는 최소의 수분함량

3 점토광물 구조 및 특성

(1) 결정형 점토광물 : 규산 사면체와 알루미늄 팔면체가 각각 그 비율을 달리하여 결합하여 만들어진 여러 종류의 광물

- **규산 사면체판** : 사면체 사이에 한 개의 산소원자를 공유
- **알루미늄 팔면체판** : 팔면체 사이에 두 개의 산소원자를 공유함, 팔면체가 위아래로 결합하여 Al^{3+}를 중심으로 이팔면체층 구조를 형성하면 깁사이트(gibbsite), Mg^{2+}를 중심으로 삼팔면체층 구조를 형성하면 브루사이트(brucite)가 된다.

① **1 : 1 격자형 점토광물**

규산판 + 알루미늄판 구조로, 1 : 1층 사이에 양이온이나 물분자가 끼어 들어가는 것이 불가능하므로 비팽창형 광물이 된다. 다른 점토광물에 비하여 굵고 잘 부서지지 않으며, 통수 및 통기성이 좋다. 우리나라 토양의 주된 점토광물이다.

- ㉠ 카올리나이트(고령토) : 낮은 표면적, 낮은 음전하, 젖었을 때 팽창력 낮음, 대부분 pH⁻의존 음전하, 동형치환이 거의 일어나지 않음
- ㉡ 할로이사이트 : 카올리나이트의 결정단위층 간에 물분자가 끼어 있는 광물, 튜브모양
- ㉢ 나크라이트, 딕카이트

② **2 : 1 격자형 점토광물**

2개의 규산판 + 알루미늄판, 물분자가 쉽게 스며들 수 있어 입자는 쉽게 팽창 또는 수축, 입자크기도 1:1보다 작다.

- ㉠ 버미큘라이트 : 운모류 광물의 풍화로 생성된 토양에 많이 존재하는 점토광물이다. 버미큘라이트는 카올리나이트나 몬모릴로나이트와 같이 결정화과정을 거쳐 생성되는 광물이 아니며 양이온들이 치환되며 형성된다. 버미큘라이트의 가장 큰 특징은 층 사이 공간에 K^+ 대신 Mg^{2+} 등의 수화된 양이온들이 자리잡고 있다. 넓은 표면적, 큰 음전하, 약한 팽창성, 가열 시 뒤틀림 현상 등
- ㉡ 스멕타이트 : 넓은 표면적, 큰 음전하, 대표적인 팽창형 광물, Si^{4+} 대신 Al^{3+}의 동형치환이 흔히 일어나고, 또한 알루미늄팔면체층에서도 Al^{3+} 대신 Fe^{2+}, Fe^{3+}, Mg^{2+} 등이 치환되어 들어갈 수 있다.
- ㉢ 일라이트 : 사면체의 규소 중 일부가 알루미늄으로 교환되기 때문에 양전하의 부족량이 K(칼륨)에 의해 충족되어 있는 점이 다르다. 운모류가 광물의 풍화과정에서 생성될 수도 있어 Hydrous mica(가수

운모)로 불리며, 운모류에서 K(칼륨)이 빠져나가면서 형성되기도 한다. 팽창성이 없다.
- ㉣ 몬모릴로나이트 : 강수량이 적은 조건에서 생성된다. 영구적 음전하로 여러 양이온을 흡착, 보유한다. 팽창 정도가 버미큘라이트 보다 훨씬 우수하다.
- ㉤ 논트로나이트 : Al^{3+}가 전부 Fe^{3+}로 치환된 형태
- ㉥ 2 : 1 : 1(2 : 2) 격자형 점토광물 : 2개의 규산판 + 알루미늄판 + 마그네슘판의 4개의 층
- ㉦ 클로라이트 : 녹니석이라고도 불리며, 2 : 1층의 구조에 브루사이트가 결합된 형태의 광물로 퇴적암에서 흔히 발견된다. 강한 결합성을 가지며 팽창성이 없다.

(2) **비결정형 점토광물** : 비교적 큰 비표면적과 반응성을 가진다. 비결정형(무정형), 낮은 Si/Al 원자비, 강한 인산고정능력
- 알로팬(Allophane) : 화산재의 풍화로 생성됨, pH의 의존적인 음전하를 가지고 있고 중성이나 약알칼리조건에서 큰 양이온교환용량을 가진다.
- 이모골라이트(Immogolite) : 결정화 정도가 매우 큼, 튜브모양, O 3개와 하나의 Si가 결합한 구조

4 토양교질물 및 이온교환

(1) 양이온 교환능력(CEC)

① 정의

토양이 교환할 수 있는 양이온의 합, 보통 토양에서 존재하는 양이온은 미네랄성분으로 식물의 생장에 큰 도움을 줍니다. 따라서 CEC가 큰 토양일수록 식물생장에 좋은 토양이라 할 수 있습니다.

$$\text{식} \quad CEC = \frac{\text{총 교환가능 양이온}(1meq)}{\text{건조토양}(100g)} = \frac{\text{총 교환가능 양이온}(1Cmol)}{\text{건조토양}(kg)}$$

② CEC 결정 주요인자
- ㉠ 점토함량이 높을수록 CEC는 높다.
- ㉡ 점토종류에 따라 2:1 > 2:1:1 > 1:1
- ㉢ 유기물함량이 높을수록 CEC는 높다.
- ㉣ 토양 pH

③ 이온교환크기순서

$Al^{3+} > Ca^{2+} > Mg^{2+} > NH_4^+ > K^+ > Na^+$

④ 양이온 교환능력의 단위 : 1cmol/kg
- 1cmol = 0.01eq

〈점토광물별 양이온 교환능력〉

구분	카올리나이트	몬모릴로나이트	버미큘라이트	일라이트	클로라이트
CEC (cmol/kg)	2~15	80~150	100~200	20~40	10~40

(2) 염기포화도(BSP)

전체 교환성 양이온에 대한 교환성 염기의 백분율, 여기서 교환성 염기란, 양이온 중 수소와 알루미늄이온을 제외한 양이온들을 말합니다.

$$염기포화도(BSP, \%) = \frac{교환성\ 염기의\ meq}{양이온교환능력(CEC)} \times 100$$

(3) 수소포화도 : 전체 교환성 양이온에 대한 수소이온의 백분율

$$수소포화도(\%) = \frac{수소이온의\ meq}{양이온교환능력(CEC)} \times 100$$

(4) pH

$$pH = \log \frac{1}{[H^+]}, \quad [H^+] = 10^{-pH}$$

$$pOH = \log \frac{1}{[OH^-]}, \quad [OH^-] = 10^{-pOH}$$

$$14 = pH + pOH, \quad pH = 14 - pOH$$

- $[H^+]$: 수소이온의 몰농도(mol/L)
- $[OH^-]$: 수산화이온의 몰농도(mol/L)

(5) 음이온 교환

① **음이온교환** : 토양에 흡착된 음이온은 용액 중의 다른 음이온과 화학량론적으로 교환되어 토양용액 중으로 방출되는 현상을 음이온교환이라고 합니다. 철 또는 알루미늄의 산화물 및 수산화물이 많이 함유되어 있는 토양은 낮은 pH조건에서 음이온교환기를 가질 수 있으며, 유기물도 pH가 낮아지면 작용기들이 양성자화되어 양으로 하전됩니다.

② **음이온교환용량(AEC)** : 토양의 이온교환반응을 통하여 보유할 수 있는 최대의 음이온양(cmol/kg)
   ㉠ pH가 낮아지면 흡착이 증가
   ㉡ Fe나 Al의 수산화물이나 점토광물이 많은 산성토양에서 매우 높은 AEC를 나타냄

(6) 토양 콜로이드(토양 교질물)

① **콜로이드** : 크기가 1㎛보다 작은 무기입자로, 용존되지도 부유하지도 않는 입자, 대개 음전하를 띰
② **토양 콜로이드의 특징**
  ㉠ 대체로 음전하를 띠고 있으나 콜로이드 용액에 pH에 따라 양전하를 띠기도 함
  ㉡ 큰 비표면적과 표면전하를 지님
  ㉢ 점토와 특성이 매우 비슷(수분보유량 큼)
③ **등전점** : 음전하와 양전하의 양이 같아지는 pH를 콜로이드의 등전점이라 함
④ **미셀** : 토양교질이 음전하의 교질로 되어 있을 때 외측이 Ca, Mg, Na, H, K의 양이온으로 전기적 이중층을 이룰 때 평형을 유지하며 형성된 군집
  ㉠ 염기성이 약하고 음전하를 띤다.
  ㉡ 음전하권과 양전하권의 전위차는 대전량과 이중층간의 거리에 비례하며, 입자직경(입경)의 제곱에 반비례한다.

5 흡착특성

(1) 이온흡착

토양의 표면에 불균형이 존재하거나 잉여의 힘이 있기 때문에 토양입자는 접촉하고 있는 기체상이나 토양용액으로부터 다른 종류의 이온들을 토양입자의 표면에 끌어들입니다.

(2) Freundlich 등온흡착식 : 물리적 흡착을 가정합니다.

$$\log X = \frac{1}{n} \log C + \log k$$

$$\frac{X}{M} = K \times C^{\frac{1}{n}}$$

- X : 흡착된 물질의 양
- M : 흡착제의 양
- C : 유출농도
- K, n : 상수

(3) Langmuir등온흡착식 : 화학적 흡착을 가정합니다.

① **Langmuir 등온흡착식의 가정조건**
  ㉠ 흡착은 흡착지점이 고정된 단일 흡착층에서 일어나며, 흡착지점은 모두 동일한 성질을 지니고 있고, 하나의 분자만 흡착할 수 있다.

ⓒ 흡착은 가역적이다. (예외사항)
　ⓓ 표면에 흡착된 분자는 옆으로 이동하지 않는다.
　ⓔ 흡착에너지는 모든 지점에서 동일하고, 표면이 균일하며, 흡착된 물질 간의 상호작용이 없다.

② Langmuir 등온흡착식

$$\frac{C}{q} = \frac{1}{kb} + \frac{C}{b}$$

$$\frac{X}{M} = \frac{abC}{1+bC}$$

- a, b : 경험적인 상수
- C : 흡착이 평형상태에 도달했을 때 용액내에 남아있는 피흡착제의 농도

(4) 물리적 흡착과 화학적 흡착의 비교

흡착형태	물리적 흡착	화학적 흡착
계	개방계(가역적)	폐쇄계(비가역적)
흡착제의 재생여부	재생가능	재생불가
흡착형태	다분자층	단분자층
선택성	비선택적	선택적
흡착온도	낮을수록	높을수록

기출문제로 다지기 — CHAPTER 02 토양의 이화학적 특성분석

01. 토양의 연경도 중에서 가소성을 나타내는 가장 중요한 요소 3가지를 쓰시오.

해설 ① 소성지수(가소성 지수)
② 액성한계
③ 소성한계

02. 입자의 용적비중이 1.5이고 입자비중이 2.0일 때 토양의 공극률(%)을 구하시오.

해설 식 $n = 1 - \dfrac{\rho_d}{\rho_s}$

- $\rho_d = 1.5 g/cm^3$
- $\rho_s = 2 g/cm^3$

$\therefore n = 1 - \dfrac{1.5}{2} = 0.25 ≒ 25\%$

정답 25%

03. 토양수분의 물리학적 분류 3가지를 쓰시오.

해설 ① 결합수
② 흡습수
③ 모세관수

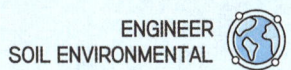

04. 100m³의 오염토양을 처리하기 위하여 토양을 물로 포화시키려 한다. 토양의 함수비는 10Wt%이고 건조단위 중량은 1.7g/cm³, 토양입자비중 2.7, 물의 단위중량 1g/cm³일 때 첨가해야 할 물의 양은 몇 ton인가?

해설 **식** 첨가해야할 물의 양 = 포화된 토양 내 물의 양 − 현재 토양 내 물의 양

- 포화된 토양 내 물의 양 = 공극부피 × 물의 밀도 = $(0.3703 \times 100m^3) \times \dfrac{1g}{cm^3} \times \dfrac{10^6 cm^3}{1m^3} \times \dfrac{1톤}{10^6 g} = 37.03$톤
- 공극률$(n) = 1 - \dfrac{\rho_d}{\rho_s} = 1 - \dfrac{1.7}{2.7} = 0.3703$
- 현재 토양 내 물의 양 = 17톤
- 함수비$(Wt, \%) = \dfrac{W_w}{W_s} \times 100$, $0.1 = \dfrac{W_w}{100m^3 \times \dfrac{1.7g}{cm^3} \times \dfrac{1톤}{10^6 g} \times \dfrac{10^6 cm^3}{1m^3}}$, $W_w = 17$톤
- W_w : 토양 내 물의 무게
- W_s : 토양 무게
∴ 첨가해야 할 물의 양 = 37.03 − 17 = 20.03톤

정답 20.03ton

05. 풍화와 용탈이 매우 심하게 일어나는 고온다습한 열대기후 지역에서 발달한 토양목을 쓰시오.

해설 옥시졸(Oxisols)

06. 공극비와 공극률의 관계를 관계식으로 설명하고 공극률이 0.3인 토양의 공극비(%)를 구하시오.

해설 ① 관계식
  식 공극률 = $\dfrac{공극비}{1+공극비}$
② 공극비
  식 공극비$(\%) = \dfrac{공극률}{1-공극률} \times 100 = \dfrac{0.3}{1-0.3} = 42.85\%$

07. 토양의 용적비중이 1.6이고 공극률이 20%라면 이 토양의 입자비중은?

해설 식 $n = 1 - \dfrac{\rho_d}{\rho_s}$

$0.2 = 1 - \dfrac{1.6}{\rho_s}$, $\rho_s = 2.0 g/cm^3$

∴ $S_s = \dfrac{\rho_s}{\rho_w} = \dfrac{2.0 g/cm^3}{1.0 g/cm^3} = 2.0$

정답 2.0

08. 오염토양의 입도분포를 분석하여 D10은 0.08mm, D30은 0.17mm, D50은 0.51mm, D60은 0.57mm, D90은 2.00mm와 같은 결과를 얻었다. 이 오염토양의 균등계수(C_u)와 곡률계수(C_z)는 각각 얼마인가?

해설 (1) 식 균등계수 $= \dfrac{D_{60}}{D_{10}} = \dfrac{0.57}{0.08} = 7.13$

정답 7.13

(2) 식 곡률계수 $= \dfrac{D_{30}^{\ 2}}{D_{60} \times D_{10}} = \dfrac{0.17^2}{0.57 \times 0.08} = 0.63$

정답 0.63

09. 토양의 용적비중이 1.5이고 공극률이 30%라면 이 토양의 입자비중은?

해설 식 $S_s = \dfrac{\rho_s}{\rho_w}$ 식 $n = 1 - \dfrac{\rho_d}{\rho_s}$

$0.3 = 1 - \dfrac{1.5}{\rho_s}$, $\rho_s = 2.14 g/cm^3$

$\therefore S_s = \dfrac{\rho_s}{\rho_w} = \dfrac{2.14 g/cm^3}{1.0 g/cm^3} = 2.14$

정답 2.14

10. 양이온 교환용량(CEC)의 정의 및 단위에 대하여 기술하시오.

① 정의

② 단위

해설 ① 정의 : 토양이 교환 할 수 있는 양이온의 합으로 일정량의 교질토양이 보유할 수 있는 교환성 양이온의 총량(meq/100g)을 말한다.
② 단위 : 건조토양 100g당 흡착된 교환 가능성 양이온의 밀리그램당량(meq)으로 나타낸다. (1meq/100g=1Cmol/kg)

식 $CEC = \dfrac{\text{총 교환가능 양이온}(1meq)}{\text{건조토양}(100g)} = \dfrac{\text{총 교환가능 양이온}(1Cmol)}{\text{건조토양}(kg)}$

11. 토양수분장력을 pF와 관련하여 설명하고, 토양수분 분류를 pF 크기 순서대로 나열하시오.

(1) 토양수분장력(pF)

(2) 토양수분의 pF 크기 순서

해설 (1) 토양수분장력(pF)
식 pF = log[H]
- H : 물기둥(수주) 높이(cm)
- pF : 토양수분장력은 토양이 수분을 보유하는 힘으로, 수주높이(cm)의 대수값을 pF로 표시하여 나타냄

(2) 토양수분의 pF 크기 순서
결합수 > 흡습수 > 모세관수 > 중력수

12. 토양의 가소성 특성이 토양오염물질 소각 처리 시 미치는 영향을 기술하시오.

해설 가소성은 토양에 응력(외력)을 가했을 때 파괴되지 않고 유연하게 견디어 그 본래의 형태를 유지하는 성질을 의미하며 소각처리 시 가소성 때문에 소각 후 재의 제거에 어려움이 있다.

13. 우리나라에 분포하고 있는 토양목 3가지를 쓰시오.

해설 ① 인셉티졸(Inceptisol) ② 엔티졸(Entisols)
③ 몰리졸(Mollisols) ④ 알피졸(Alfisols)
⑤ 울티졸(Ultisols) ⑥ 히스토졸(Histosols)
⑦ 안디졸(Andisols)

14. 화산재 토양이며 양이온 교환능력이 높고, 유기물 함량이 높으며 용적밀도가 낮은 토양목을 쓰시오.

해설 안디졸(Andisols)

15. 토양 층위를 지표면으로부터 지하의 순서대로 기호와 명칭을 쓰시오.

해설 O층(유기물층) → A층(용탈층 : 표층) → B층(집적층) → C층(모재층) → R층(모암층)

16. 토양에 함유된 4종류의 수분형태를 쓰시오.

해설 ① 결합수(pF 7.0 이상)
② 흡습수(pF 4.5 이상)
③ 모세관수(pF 2.54~4.5)
④ 중력수(pF 2.54 이하)

17. 공극률과 공극비의 관계식을 유도하고, 공극비가 0.75일 때 공극률을 계산하시오. (단, 공극률은 n, 공극비 e = V_v / V_s)

해설 (1) 공극률과 공극비의 관계식 유도

식 $n = \dfrac{V_v}{V} = \dfrac{V_v}{V_v + V_s}$

식 $\epsilon = \dfrac{V_v}{V_s}$

- V : 토양전체부피
- V_v : 토양공극부피
- V_s : 토양입자부피

공극률을 V_s로 나누면

$\therefore n = \dfrac{V_v / V_s}{(V_v + V_s)/V_s} = \dfrac{\epsilon}{\epsilon + 1}$

(2) 공극비가 0.75일 때, 공극률을 구하시오.

식 $n = \dfrac{\epsilon}{\epsilon + 1} = \dfrac{0.75}{0.75 + 1} = 0.43 \fallingdotseq 43\%$

18. 어느 지역 토양의 공극률 측정을 위해 토양 80cm³를 채취하여 고형입자부피와 수분 부피를 측정하였더니 52cm³와 12cm³였다. 이 지역의 토양 공극률(%)은?

[해설] **[식]** $n = \dfrac{V_v}{V} = \dfrac{V_v}{V_v + V_s}$

- $V_v = V - V_s = 80 - 52 = 28 cm^3$
- $V_s = 52 cm^3$

∴ $n = \dfrac{28}{80} = 0.35 ≒ 35\%$

[정답] 35%

19. 토양부식물질의 종류를 기술하시오.

[해설]
- 부식탄(humin) : 산과 알칼리에 모두 녹지 않음, 고분자화합물, 중합 정도가 높은 분자량이 큰 부식, 탄소는 많고 산소는 적다.
- 펄빅산(fulvic acid) : 산과 알칼리에 모두 녹음, 고분자화합물, 산소는 많고 탄소는 적다.
- 휴믹산(humic acid) : 알칼리에 녹고, 산에 녹지 않음, 복합 방향족 고분자화합물
- 울믹산(ulmic acid) : 휴믹산에 알코올을 넣었을 때 녹은 물질

20. 점토광물 중 1:1격자형 광물과 2:1격자형 광물을 각각 2가지씩 쓰시오.

[해설] (1) 1:1격자형(2층형) 광물
　　① 카올리나이트(kaolinite)　　② 할로이사이트(halloysite)
　　③ 딕카이트(dickite)　　　　　④ 나크라이트(nacrite)
　　⑤ 사문석
(2) 2:1격자형(3층형) 광물
　　① 몬모릴로나이트(montmorillonite)　② 일라이트(illite)
　　③ 버미큘라이트(vermiculite)　　　　④ 스멕타이트
(3) 2:2격자형(혼합형) 광물
　　① chlorite

03 CHAPTER 토양오염물질

UNIT 01 토양오염의 특성

① **오염영향의 국지성** : 매체의 특성상 국지적 오염이 나타난다.
② **오염경로의 다양성** : 기상, 액상, 고상 등 다양한 물질과 경로로 오염된다.
③ **피해발현의 완만성(시차성)** : 오염물질의 이동이 느려서 오염이 발생한 시점과 오염으로 인한 문제가 발생하는 시점 사이에는 시간차가 존재한다.
④ **원상복구의 어려움(잔류성)** : 오염물질은 토양에서 확산되어 심층으로 퍼지거나, 지하수오염과 연계될 우려가 있어 오염물질의 완전한 제거가 어렵다.
⑤ **타 환경인자와의 영향관계의 모호성** : 오염의 기인이 대기오염인지 수질오염인지, 폐기물인지 영향관계를 도출하기가 어렵다.
⑥ **오염물질의 축적성(잔류성)** : 토양, 지하수, 암석에 잔류하거나 생물농축으로 인한 축적이 존재한다.
⑦ **시료채취의 어려움**
⑧ **피해에 대한 보상의 어려움**
⑨ **오염영향의 부지 특이성** : 토지이용에 따라 오염토양에 의한 영향이 달라진다.

UNIT 02 토양오염 물질의 특성 및 영향

1 유류 오염물질

(1) 유류 오염물질의 종류

① **석유계 총탄화수소(TPH)** : 끓는점이 150~500℃로 높은 유류(등유, 경유, 벙커C유, 제트유 등)가 속하며, 일반적인 유류오염 시 검출됩니다.

② **BTEX** : 벤젠(B), 톨루엔(T), 에틸벤젠(E), 자일렌(X)을 줄인 단어로, 위 4가지의 항목들은 휘발성이 높은 유류로 BTEX의 검출은 휘발성이 높은 유류오염을 의미하며, BTEX는 대표적인 VOCs(휘발성 유기화합물질)입니다. 또한 BTEX는 중추신경계에 악영향을 줍니다.

> 💡 **VOCs** : 증기압이 높아 대기 중으로 쉽게 증발되는 액체 또는 기체상 유기화합물의 총칭
>
> 💡 **석유류의 제조 및 저장시설의 검사항목**
> ① 나프타(납사), 휘발유, 벤젠, 톨루엔, 에틸벤젠, 크실렌(자일렌) : BTEX
> ② 항공유, 등유, 경유, 중유, 윤활유, 원유 : TPH

(2) 유류오염의 피해

① 종자 및 식물체에 직접 부착 또는 침투하여 발아를 억제하고 생육장해를 일으킴
② 수면을 피복하여 토양으로의 산소공급을 방해
③ 수온 및 지온을 상승시켜 토양의 이상환원을 촉진하여 근부현상[1] 및 토양의 물리성을 악화

② 염소계 유기화합물

(1) 지방족 염소계 탄화수소

무색이고, 불연성이고 휘발성이 강한 액체로 유기용제로 많이 활용됩니다. (클로로메탄, 디클로로메탄, 트리클로로메탄(THM), 테트라클로로메탄, 1,1-디클로로에탄, 1,1,1-트리클로로에탄, 클로로에텐, 1,2-디클로로에텐, 트리클로로에틸렌(TCE), 테트라클로로에틸렌(PCE))

> 💡 **PCE의 분해과정**
> 테트라클로로에틸렌(PCE) → 트리클로로에틸렌(TCE) → 디클로로에틸렌 → 비닐클로라이드(염화비닐)
> → 물, 탄산가스, 염산(최종)

(2) 방향족 염소계 탄화수소

① **헥사클로로벤젠(HCB)** : 6개의 염소를 가진 벤젠 고리로 살균제로 많이 사용되며 잠재적 발암물질입니다.
② **디클로로디페닐트리클로로에탄(DDT)** : 살충제로 많이 사용되며, 생물체의 지방에 축적되고, 먹이사슬을 통해 농축될 수 있습니다. 발암가능성 물질입니다.
③ **폴리클로리네이티드비페닐(PCBs)** : 절연유, 윤활유, 가소제 등으로 사용되고 노후된 변압기, 콘덴서에서 누출되며 독성이 강하고 생물농축성이 큽니다. 가네미유증을 유발합니다.
  - PCB의 분해 후 최종산물 : 물, 이산화탄소, 염소

---

[1] 근부현상 : 뿌리가 썩는 현상

> 💡 **난분해성 유기화학물의 특징**
> ① 분자의 가지구조가 많은 화합물
> ② 분자 내에 많은 수의 할로겐원소를 함유하는 화합물
> ③ 물에 대한 용해도가 낮은 화합물
> ④ 원자의 전하차가 큰 화합물

3 다핵 방향족 탄화수소

2개 이상의 벤젠고리를 가지고 있는 탄화수소를 의미하며, 비극성이며, 소수성이고, 매우 안정적입니다. 발암물질인 경우가 많습니다. (나프탈렌, 벤조(a)피렌, 다이옥신)

① **니트로방향족 화합물(NACs)** : 벤젠고리의 수소원자가 NO_2기로 치환된 화합물, 난용성, 폭약의 원료, 발암성·돌연변이성, 폭발성

4 중금속

비중이 5 이상되는 금속을 말합니다. 중금속이 토양에 장기간 축적되면, 대부분이 먹이사슬에 의한 생물농축성이 크고 독성이 강합니다. 이외에 독성이 약하고 생물체에서 미네랄로 작용하는 구리(Cu)와 니켈(Ni), 아연(Zn), 크롬(Cr^{3+})의 경우에도 과잉집적될 경우 다른 여러 미량원소의 흡수를 방해할 수 있고 한번 흡수되면 이동이나 다른 물질로의 치환이 어려워 생물성장에 악영향을 줍니다.

(1) 중금속의 특성에 영향을 끼치는 요인

① **pH가 낮을수록 용해도 증가**
  따라서 중금속이 오염된 토양은 석회질 재료를 투여하여 pH를 높여 용해도를 저하시켜야 한다.

② **산화·환원 조건에 따라 용해도가 달라져 독성이 다르게 나타나는 것들이 있다.**
  ㉠ 산화 시 불용화 : Fe, Mn (암기TIP 철망은 잘 산화된다.)
  ㉡ 환원 시 불용화 : Cd, Cu, Zn, Cr

③ **토양 중에서 다른 성분과 결합하여 불용성의 화합물을 생성하는 경우가 있다.**
  ㉠ 철, 망간, 크롬, 납, 아연, 카드뮴은 인산과 결합하여 불용화된다.
  ㉡ 카드뮴, 구리, 아연, 크롬은 환원적 토양에서 H_2S와 반응하여 난용성 황화물로 전환되어 불용화된다.
  ㉢ 비소는 환원 시 아비산이 되어 독성이 증가하므로 산화적인 조건형성이 필요하다.

④ **알칼리성 물질(Fe, Ca, Al 등)은 비소(As)를 고정시킨다.**

(2) 중금속별 질환

① **수은(Hg)** : 미나마타병(신경장애, 마비, 언어장애, 위장염, 구토)
  ㉠ 유기수은 : 가장 독성이 강하고 흡수력이 무기수은 및 금속수은보다 강하며 인체에 치명적인 독성을 나타냄, 중추신경계 및 말초신경계작용, 단백질과 결합하여 부식작용, 잠재적 발암물질, 임산부에게 노출시 태아에게 기형아 확률증가, 언어장애, 시력 및 청력상실을 유발
  ㉡ 무기수은 : 호흡곤란, 흉통, 구강염, 청색증, 폐부종, 단백뇨, 신부전, 위장기능 장해
② **카드뮴(Cd)** : 이따이이따이병(전신쇠약, 말초신경장애, 빈혈, 당뇨)
③ **납(Pb)** : 빈혈, 구토, 근육과 관절장애, 두통, 불면증, 신경과민
④ **비소(As)** : 피부염, 피부암, 결막염, 구토, 심장장애
⑤ **구리(Cu)** : 구토, 복통, 설사, 위장장애, 혼수상태, 피부궤양
⑥ **크롬(Cr)** : 피부괴사, 호흡곤란, 폐암, 혈뇨증, 비점막염, 비중격천공
⑦ **아연(Zn)** : 피부염, 구토, 설사, 식욕부진
⑧ **니켈(Ni)** : 피부염, 빈혈, 간장애, 신경장애

(3) Yellow Boy 오염현상

산성을 띠는 광산폐수가 배출되면서 광산폐수 속의 Fe이 산화되어 토양과 강바닥의 바위표면을 노란색에서 주황색으로 변화시키고 Al는 침전물로 변하여 강바닥과 토양에 백화현상을 초래하는 현상

5 NAPL(Nonaqueous Phase Liquid)

토양 및 지하수 오염을 유발하는 액상 화합물을 총칭한다. 주로 유류 오염물질이 NAPL에 해당하고, NAPL은 비중에 따라 LNAPL과 DNAPL로 구분된다.

① **LNAPL** : 물보다 가벼운 NAPL, 토양층에 존재하거나 토양층을 따라 내려가서 지하수면 위에 부유한다. (예 BTEX, VOCs, TPH)
② **DNAPL** : 물보다 무거운 NAPL, 지하수 밑으로 계속 가라앉는다. (예 PCB, TCE, 클로로페놀, 클로로벤젠 등)

구분	특성
LNAPL (Light NAPL)	– 물보다 가벼운 화합물 – NAPL을 구성하는 성분은 PAH와 같이 대부분이 물에 난용성임 – 소수성의 화합물은 대체로 지방족 또는 방향족화합물(BTEX 포함)임 – 지방족탄수화물은 탄소수가 많을수록, 방향족화합물들은 환이 많을수록 물에 대한 용해도가 낮음
DNAPL (Dense NAPL)	– 물보다 무거운 화합물 – 물보다 무겁기 때문에 지하수면을 통과하여 불투수층인 하부의 반암에 쉽게 도달하게 되며, 반암의 기울기에 따라 이동함 – 대표적인 DNAPL은 PCB, TCE, 클로로페놀, 클로로벤젠 등임

6 영양소

(1) 질소, 인

과잉 질소질비료로 인한 질소의 유출은 토양에 질소의 집적을 야기하고 질소가 집적된 토양은 작물수확량이 줄어들고 병충해에 약하게 됩니다. 유출된 질소는 질산성질소(질산염)형태로 존재하고 질산성질소가 포함된 음용수로 섭취 시 유아에서 발생하는 청색증(블루베이비병, Blue baby syndrome)을 유발합니다. 질소와 인은 또한 수계에서 조류의 이상증식을 유발하여 부영양화를 유발하고 수계의 수질을 악화시킵니다.

> **💡 부영양화**
> 영양물질(질소, 인)이 수계에 과잉 유입됨으로 조류의 이상증식으로 수표면을 막아 수계의 산소공급을 차단하고 증식 후 사멸한 조류로 인해 유기물 양의 증가로 수계의 용존산소를 감소시켜 미생물 및 수중 생물을 폐사시키고 수질이 악화되는 현상

7 유해폐기물

① 침출수 누출
② 매립가스 누출

8 계면활성제

① **ABS** : 난분해성 계면활성제, 농업용 수로로 유입 시 작물의 성장 억제
② **LAS** : 생분해성 계면활성제

> **💡 유기오염물질의 특성 인자**
> - 증기압
> - 옥탄올-물 분배계수
> - 분해상수
> - 헨리상수(공기/물 분배계수)
> - 화학적 조성

UNIT 03 독성평가 및 생물농축

1 생태독성시험

① **생태독성(TU)** : 생태독성이란, 생물이 수중의 독성에 반응하는 정도를 의미합니다. 기준이 되는 생물은 수질에 민감한 생물인 물벼룩으로, 물벼룩이 24시간 동안 50%가 치사 혹은 유영저해를 나타낸 농도를 기준으로 합니다.

② **독성시험**
  ㉠ TLm(Tolerance Limit Medium) : 물고기 중 50%가 생존할 수 있는 독성물질의 농도로 어류에 대한 독성시험의 결과를 나타냅니다.
  ㉡ LC50(Lethal Concentration 50) : 시험생물 중 50%가 죽을 수 있는 독성물질의 농도를 나타냅니다.
  ㉢ LD50(Lethal Dose 50) : 시험생물 중 50%가 죽을 수 있는 독성물질의 양입니다.

2 생물농축 및 농축계수

① **생물농축** : 독성물질이나 유해물질이 생물 체내에 축적되는 현상을 먹이피라미드의 하위생물의 독성섭취에 따라 상위생물로 갈수록 독성의 농축이 심화되는 현상을 말합니다.

② **농축계수** : 독성의 농축정도를 나타내는 식입니다.

$$\text{농축계수} = \frac{\text{생물 내 유해물질농도}}{\text{물속 유해물질농도}} = \frac{\text{독성물질의 농도}}{\text{독성물질의 기준치}}$$

3 혼합농도공식

$$C_m = \frac{C_1 Q_1 + C_2 Q_2}{Q_1 + Q_2}$$

- C_1 : 대상 1 물질의 농도
- C_2 : 대상 2 물질의 농도
- Q_1 : 대상 1 물질의 양 또는 유량
- Q_2 : 대상 2 물질의 양 또는 유량

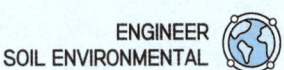

4 농도계산

① 농도(질량단위/부피단위) = $\dfrac{물질량}{부피}$

② 농도(질량단위/부피단위) = $\dfrac{총량(질량/시간)}{유량(부피/시간)}$

③ 농도(질량단위/질량단위) = $\dfrac{물질량(질량)}{총질량} = \dfrac{물질량(질량)}{부피 \times 밀도}$

④ 1mol = 22.4L(표준상태) = 분자량(g)

※ 구하는 부피가 표준상태(0℃, 1기압)가 아닐 시 온도·압력을 보정한다.

㉠ 온도보정(샤를의 법칙) = $V \times \dfrac{273 + t_2(℃, 보정 시 온도)}{273 + t_1(℃, 기존의 온도)}$

㉡ 압력보정(보일의 법칙) = $V \times \dfrac{P_1(기존압력)}{P_2(보정 시 압력)}$

UNIT 04 토양오염원별 특성 및 영향

1 토양오염원의 종류

① **유류 제조 및 저장시설** : 저장탱크의 노후 및 누출로 인해 오염물질이 배출된다.
  • 주요 오염물질 : BTEX, TPH, PAHs 등
② **유독물질 저장시설** : 저장탱크의 노후 및 누출로 인해 오염물질이 배출된다.
  • 주요 오염물질 : VOCs, PAHs 등
③ **산업지역** : 저장탱크의 노후 및 누출로 인해 오염물질이 배출된다.
  • 주요 오염물질 : 유류, TCE, PCE, 중금속
④ **매립지** : 침출수 누출로 인해 오염물질이 배출된다.
  • 주요 오염물질 : 유기물, 중금속, VOC 등
⑤ **소각장** : 배출가스 및 소각재 배출
  • 주요 오염물질 : 다이옥신, PAHs, 중금속
⑥ **휴·폐광산** : 폐광재, 갱내수의 유출
  • 주요 오염물질 : 중금속, 산성폐수
⑦ **군부대** : 폐기물 매립, 유류 누출, 사격장, 훈련장, 비행장에서의 오염물질 누출
  • 주요 오염물질 : BTEX, PAHs, 중금속 등
⑧ **골프장** : 농약 살포
  • 주요 오염물질 : 농약

2 점오염원과 비점오염원

① **점오염원** : 한 점에서 오염이 발생하는 오염원으로 비가 오지 않는 갈수기에 피해가 큼
 (예 폐기물매립지, 축산업, 산업지역, 운영중인 광산, 송유관, 유류 저장시설, 유독물 저장시설 등)
② **비점오염원** : 여러 지점에서 오염이 발생하는 오염원으로 비가 오는 홍수기에 피해가 큼
 (예 농경지, 휴·폐광산, 과수원, 도로 등)

UNIT 05 반응속도

1 0차 반응 : 반응속도가 반응물의 농도에 영향을 받지 않는 반응

$$식\quad C_o - C_t = k \cdot t$$

2 1차 반응 : 반응속도가 반응물의 농도에 비례하는 반응

$$식\quad \ln\frac{C_t}{C_o} = -k \cdot t$$

3 2차 반응 : 반응속도가 반응물의 농도의 제곱에 비례하는 반응

$$식\quad \frac{1}{C_o} - \frac{1}{C_t} = -k \cdot t$$

- C_o : 초기농도
- k : 반응속도상수
- C_t : t시간 후의 농도
- t : 반응시간

UNIT 06 옥탄올 - 물 분배계수

옥탄올층과 물층을 형성한 뒤 오염물질을 투입하여 평형상태에서 옥탄올층의 농도와 물속의 농도를 알아봄으로써 물질이 친수성인지 소수성인지 판단하고, 유기물에 오염물질이 흡착하는 정도를 간접적으로 파악할 수 있게 해줍니다. 즉, 옥탄올 - 물 분배계수는 생물권 내에서 유해물질의 이동정도를 결정짓는다고 할 수 있습니다.

$$K_{ow} = \frac{C_o}{C_w}$$

- C_o : 옥탄올 층의 화학물질의 농도
- C_w : 물 층의 화학물질의 농도

※ 옥탄올 값이 1보다 크면 소수성이 강하며, 1보다 작으면 친수성이 강하다.

기출문제로 다지기   CHAPTER 03 토양오염물질

01. 다음 각 오염물질에 노출 시 발생되는 질병을 쓰시오.

① 카드뮴   ② 수은
③ PCBs   ④ 질산성질소

[해설] ① 카드뮴 : 이따이이따이병(신장기능장애)
② 수은 : 미나마타병
③ PCBs : 카네미유증(만성중독)
④ 질산성질소 : 청색증(블루베이비병)

02. 지하저장탱크로부터 550L의 유류가 유출되었으며 유출된 유류는 불포화 토양층 및 지하수층 내 지하수에 분포되어 있다. 불포화 토양 내 유류의 농도가 3,000mg/kg이었다면 다음의 현장조건을 이용하여 지하수 내 유류 농도(mg/L)를 구하시오.

> 오염불포화 토양층 부피 : 100m³
> 오염불포화 토양층 밀도 : 1,600kg/m³
> 오염불포화 토양 아래 지하수층 전체부피 : 500m³
> 지하수층 공극률 : 0.4
> 유류밀도 : 960kg/m³ (지하수층 내 유류는 모두 지하수 내에만 존재)

[해설] [식] 지하수 내 유류농도 $= \dfrac{\text{전체 유류유출량} - \text{불포화토양내 유류량}}{\text{지하수량}}$

- 전체유류유출량 $= 550L \times \dfrac{960kg}{m^3} \times \dfrac{1m^3}{10^3 L} \times \dfrac{10^6 mg}{1kg} = 5.28 \times 10^8 mg$

- 불포화토양내 유류량 $= \dfrac{3,000mg}{kg} \times 100m^3 \times \dfrac{1,600kg}{m^3} = 4.8 \times 10^8 mg$

- 지하수량 $= 500 m^3 \times 0.4 \times \dfrac{10^3 L}{1 m^3} = 200,000 L$

∴ 지하수 내 유류농도 $= \dfrac{(5.28 - 4.8) \times 10^8}{200,000 L} = 240 mg/L$

[정답] 240mg/L

03. DNAPL을 설명하고 대표적인 오염물질 종류 2가지를 쓰시오.

> [해설]
> ① 정의
>   물에 쉽게 용해되지 않고 혼합되지 않아 자연상에서 물과 분리된 유체의 형태로 존재하는 NAPL 중 물보다 밀도가 큰 비수용성 액체로 밀도가 $1g/cm^3$ 이상이다.
> ② 대표적 오염물질(2가지만 기술)
>   • TCE(Trichloroethylene)
>   • PCE(Perchloroethylene)
>   • 페놀
>   • PCB(Polychlorinated Biphenyl)
>   • 1,1,1-Trichloroethane(1,1,1-TCA), 2-Chlorophenol(클로로페놀)
>   • 클로로포름
>   • 사염화탄소
>   (물질의 풀네임까지는 기입하지 않아도 됩니다.)

04. 수분을 함유한 TPH 시험용 시료에서 TPH가 2,800mg/kg 검출되었다. 본 시료는 20%의 수분을 함유하고 있다. 수분을 제외한 시료의 TPH 함량(mg/kg)은 얼마인가?

> [해설] [식] 수분제외 $TPH(mg/kg) = $ 수분함유 $TPH \times \left(\dfrac{1}{1-함수율}\right)$
>
> ∴ 수분제외 $TPH(mg/kg) = 2,800 \times \left(\dfrac{1}{1-0.2}\right) = 3,500 mg/L$
>
> [정답] 3,500mg/kg

05. 지하저장탱크 철거공사 시 발생한 오염토양의 양은 4,500m³이다. 오염토양의 공극률이 30%일 때 초기 수분포화도 25%를 생물학적 정화기술의 최적수분포화도인 65%로 조절하기 위해 필요한 수분의 초기 소요량은 몇 L인가?

해설 식 포화도(%) = $\dfrac{V_w}{V_v} \times 100$ → $V_w = V_v \times$ 포화도

- 초기 수분량 = $(4{,}500 \times 0.3) \times 0.25 = 337.5 m^3$
- 조절 후 수분량 = $(4{,}500 \times 0.3) \times 0.65 = 877.5 m^3$

∴ 조절하기 위한 수분량 = $(877.5 - 337.5)m^3 \times \dfrac{10^3 L}{1 m^3} = 540{,}000 L$

정답 540,000L

---

06. 유류 550L가 유출되었다. 토양 중 유류의 농도가 3,000mg/kg일 때 토양층 내 유류의 양(L)과 지하수 내 오염농도(mg/L)를 구하시오. (단, 오염토양밀도=1,600kg/m³, 오염토양부피=100m³, 유류밀도=960kg/m³, 대수층의 부피=100m³, 공극률=0.5)

(1) 토양층 내 유류의 양(L)

(2) 지하수 내 오염농도(mg/L)

해설 (1) 토양층 내 유류의 양(L)

식 토양층 내 유류의 양(L) = 유류농도 × 토양부피 × 토양밀도 × $\dfrac{1}{유류밀도}$

∴ 토양층 내 유류의 양(L) = $\dfrac{3{,}000 mg}{kg} \times 100 m^3 \times \dfrac{1{,}600 kg}{m^3} \times \dfrac{m^3}{960 kg} \times \dfrac{1 kg}{10^6 mg} \times \dfrac{10^3 L}{1 m^3} = 500 L$

정답 500L

(2) 지하수 내 오염농도(mg/L)

식 지하수 내 오염농도(mg/L) = $\dfrac{지하수 내 유류의 양}{지하수량}$

∴ 지하수 내 오염농도(mg/L) = $\dfrac{(550-500)L \times \dfrac{960 kg}{m^3} \times \dfrac{1 m^3}{10^3 L} \times \dfrac{10^6 mg}{1 kg}}{100 m^3 \times 0.5 \times \dfrac{10^3 L}{1 m^3}} = 960 mg/L$

정답 960mg/L

07. TCE로 오염된 지하수를 양수하여 폭기조 내에서 공기분산법을 이용하여 제거하는 경우 폭기조의 부피가 500m³인 처리장에 1일 2,000m³의 오염지하수가 유입된다면 폭기시간(hr)은?

해설 식 폭기시간(hr) = 체류시간(hr) = $\dfrac{\forall}{Q}$

∴ 폭기시간(hr) = $\dfrac{500m^3}{2,000m^3/day} \times \dfrac{24hr}{day} = 6hr$

정답 6hr

08. 물보다 비중이 큰 DNAPL의 이동 특성 2가지를 쓰시오.

해설 ① DNAPL은 물보다 비중이 크므로 지하수면 아래까지 침투하여 불투수층까지 도달함
② 대수층 바닥에 도달한 DNAPL은 지하수 이동방향과 관계없이 기반암의 기울기에 따라 이동방향이 결정됨

09. 어느 오염 부지의 깊이별 토양 오염도를 조사한 결과가 다음과 같을 때 총 오염토양의 양(kg)은 얼마인가? (단, 오염토양밀도=1,800kg/m³)

깊이(m)	오염면적(m²)
0.0~1.0	0
1.0~1.5	308
1.5~2.0	428
2.0~2.5	590
2.5~3.0	600
3.0~3.5	0

해설 식 총 오염토양의 양(kg) = 오염토양의 부피×밀도
• 오염토양의 부피(m³) = 깊이×면적 = 0.5m × (308+428+590+600)m² = 963m²
∴ 총 오염토양의 양(kg) = 963m³ × 1,800kg/m³ = 1,733,400kg

정답 1,733,400kg

10. 초기 TPH 오염농도가 5,000ppm이고, 1차 분해반응으로 4,000ppm이 되는 데 7일이 소요된다. 오염농도가 100ppm이 될 때까지 소요되는 시간(day)은? (단, day는 정수로 표시할 것)

해설 식 $\ln\left(\dfrac{C_t}{C_0}\right) = -k \cdot t$

$\ln\left(\dfrac{4,000}{5,000}\right) = -k \times 7, \quad k = 0.0318/day$

$\ln\left(\dfrac{100}{5,000}\right) = -0.0318 \times t, \quad \therefore t = 123.02\,day ≒ 124\,day$ (정수로 표현하므로 완전올림)

정답 124day

11. 50L의 유류가 토양으로 유출되었다. 불포화 토양 내 유류가 존재하는 것으로 가정할 경우 다음 조건에 따른 유류농도(mg/L)는?

> 오염된 토양부피 : 1,000m³
> 유류밀도 : 960kg/m³
> 공극률 : 0.4
> (토양 내 유류의 양은 불변하며 건조토양으로 가정함)

해설 식 유류농도 = $\dfrac{\text{유류의 양}}{\text{불포화 토양의 부피}}$

$\therefore \text{유류농도} = \dfrac{50L \times \dfrac{960kg}{m^3} \times \dfrac{1m^3}{10^3 L} \times \dfrac{10^6 mg}{1kg}}{1,000m^3 \times 0.4 \times \dfrac{10^3 L}{1m^3}} = 120\,mg/L$

정답 120mg/L

12. 토양 내 오염물질(TPH)이 8,000ppm 있다. 이 오염물질이 2,000ppm으로 되는데 걸리는 시간(day)은? (단, 1차 반응속도상수는 0.022day^{-1})

해설 **식** $\ln\left(\dfrac{C_t}{C_0}\right) = -k \cdot t$

$\ln\left(\dfrac{2{,}000}{8{,}000}\right) = -0.022 \times t$, ∴ $t = 63.01 day$

정답 63.01day

13. 지하저장창고로부터 디젤이 유출되어 토양이 오염되었다. 오염부지 평가결과 오염노출지역 토양의 밀도가 1.8g/cm³, 오염농도가 4,000mg/kg, 오염범위가 10m×25m×3m라면 오염된 토양 내 디젤의 양(kg)은?

해설 **식** 토양 내 디젤의 양 $= C \times \forall \times \rho$

- 토양밀도 $= \dfrac{1.8g}{cm^3} \times \dfrac{1kg}{10^3 g} \times \dfrac{10^6 cm^3}{1m^3} = 1{,}800 kg/m^3$

∴ 토양 내 디젤의 양 $= \dfrac{4{,}000 mg}{kg} \times (10m \times 25m \times 3m) \times \dfrac{1{,}800 kg}{m^3} \times \dfrac{1kg}{10^6 mg} = 5{,}400 kg$

정답 5,400kg

14. 페놀로 오염된 지하수를 과산화수소(H_2O_2)와 철촉매(Fe^{2+})를 사용하여 처리하고자 한다. 예비시험결과 99% 제거 시 각각 과산화수소와 철의 필요량이 2.5(gH_2O_2/penol), 0.05(mg Fe^{2+}/mg H_2O_2)임을 알았다. 오염 현장의 페놀의 오염농도가 6,000mg/L이고 추출된 지하수의 유량이 10,000L/day일 때 필요한 철촉매(Fe^{2+})의 양(kg/day)은? (단, 비중 1.0, 페놀제거율 99% 기준임)

해설 식 철촉매의 양 = 페놀농도 × η × $\dfrac{2.5g(H_2O_2)}{1g(페놀)}$ × $\dfrac{0.05mg(Fe^{2+})}{1mg(H_2O_2)}$

∴ 철촉매의 양 = $\dfrac{6,000mg}{L}$ × $\dfrac{10,000L}{day}$ × 0.99 × $\dfrac{1kg}{10^6mg}$ × $\dfrac{2.5g(H_2O_2)}{1g(페놀)}$ × $\dfrac{0.05mg(Fe^{2+})}{1mg(H_2O_2)}$ = $7.43kg/day$

정답 7.43kg/day

15. 500L의 유류가 토양으로 유출되었다. 불포화 토양 내 유류가 균일하게 존재하는 것으로 가정할 경우 다음 조건에 따른 토양 내 유류농도(mg/kg)를 예측하시오.

> 오염된 토양부피 : 100m³
> 토양밀도 : 1,600kg/m³
> 유류밀도 : 960kg/m³
> (토양 내 유류의 양은 불변하며 건조토양으로 가정함)

해설 식 토양 내 유류농도(mg/kg) = $\dfrac{유류의 양}{토양부피}$

∴ 토양 내 유류농도(mg/kg) = $\dfrac{500L × \dfrac{0.96kg}{L} × \dfrac{10^6mg}{1kg}}{100m^3 × \dfrac{1,600kg}{1m^3}}$ = $3,000mg/kg$

정답 3,000mg/kg

16. 옥탄올-물 분배계수(K_{ow})의 정의와 오염물질과의 이동성 관계를 설명하시오.

해설 (1) 정의
옥탄올-물 두 환경에서 옥탄올 층의 대상물질 농도와 물 층의 대상물질 농도의 비, 즉 혼합되지 않는 두 상인 옥탄올과 물에서의 용질의 분포를 나타내는 계수이다.
(2) K_{ow}와 이동성 관계
① K_{ow}가 작은 경우($K_{ow} < 2$)
친수성이며 고용해도를 가져 오염물질의 이동성이 커짐
② K_{ow}가 큰 경우($K_{ow} > 4$)
소수성이며 고축적성을 가져 오염물질의 이동성이 작아짐

17. 오염토양 중 평형상태에서의 벤젠 농도가 200mg/L일 때 벤젠의 부분증기압(atm)을 구하시오. (단, 헨리상수 4.7×10^{-3} atm·m³/mol, 벤젠분자량 72.12g/mol)

해설 식 $P = H \cdot C$
- $H = 4.7 \times 10^{-3} atm \cdot m^3/mol$
- $C = 200 mg/L$

$\therefore P = \dfrac{4.7 \times 10^{-3} atm \cdot m^3}{mol} \times \dfrac{200mg}{L} \times \dfrac{mol}{72.12g} \times \dfrac{1g}{10^3 mg} \times \dfrac{10^3 L}{1m^3} = 0.01 atm$

정답 0.01atm

18. 200ppm(v/v)의 톨루엔으로 오염된 토양가스를 활성탄 흡착처리 후 배출하고 있다. 배출유량이 3m³/min이고, 배출가스 온도가 25℃일 때 24시간 동안 제거되는 톨루엔의 총량(kg)을 구하시오. (단, 톨루엔 MW = 92)

해설 식 제거되는 톨루엔의 총량(kg) $= C \times Q \times t$
- $C = 200 ppm = 200 mL/m^3$
- $Q = 3 m^3/\min$
- $t = 24 hr$

$\therefore$ 제거되는 톨루엔의 총량(kg) $= \dfrac{200mL}{m^3} \times \dfrac{3m^3}{\min} \times 24hr \times \dfrac{60\min}{1hr} \times \dfrac{92mg}{22.4mL} \times \dfrac{273}{273+25} \times \dfrac{1kg}{10^6 mg} = 3.25 kg$

정답 3.25kg

19. 토양 중 비소의 이동성을 pH 관점에서 기술하시오.

해설 ① 토양 내 비소의 이동성(비소고정)에 영향을 미치는 성분은 알칼리성, 즉 칼슘(Ca), 알루미늄(Al), 철(Fe) 등이다.
② 토양 중 비소의 이동성을 증가시키는 것은 산성 물질이며, 인산비료 사용 시 이동성이 증가된다.
③ 알칼리성은 용해도적이 아주 작아 점토함량이 많은 토층일수록 비소가 토양에 많이 축적된다.

20. 벤젠 20kg으로 오염된 토양을 원위치 생물학적 복원기술에 의해 정화하고자 한다. 다음 조건에 의해 벤젠이 완전분해되는데 필요한 산소를 과산화수소로 공급하고자 한다. 필요한 과산화수소의 양(kg)을 구하시오.

$$C_6H_6 + 7.5O_2 \rightarrow 6CO_2 + 3H_2O$$
$$2H_2O_2 \rightarrow 2H_2O + O_2$$

해설 (1) 이론산소량(kg)

반응식 $C_6H_6 + 7.5O_2 \rightarrow 6CO_2 + 3H_2O$
　　　　78kg : (7.5×32)kg
　　　　20kg : ○○(kg)

∴ 이론산소량(kg) = $\dfrac{20\text{kg} \times (7.5 \times 32)\text{kg}}{78\text{kg}} = 61.54\text{kg}$

(2) 과산화수소량(kg)

반응식 $2H_2O_2 \rightarrow 2H_2O + O_2$
　　　　68kg : 32kg
　　　　H_2O_2(kg) : 61.54kg

∴ 과산화수소량(kg) = $\dfrac{(68 \times 61.54)\text{kg}}{32\text{kg}} = 130.77\text{kg}$

21. 디젤유 탱크의 균열로 디젤유 유출이 발생되어 토양 및 지하수가 오염되었다. 토양 내 디젤유 농도가 2,000mg/kg, 지하수 내 디젤유 농도가 10mg/L이고, '디젤유가 토양 및 지하수 내 균일하게 오염되어 있다.'는 가정과 다음 조건에 따라 유출된 경유의 양(L)은?

오염토양 부피 : 300m³
오염지하수층 부피 : 1,200m³
토양의 밀도 : 1,600kg/m³
디젤유의 밀도 : 850kg/m³
지하수층 공극률 : 0.4

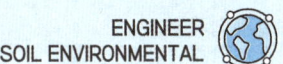

해설 **식** 유출된 경유의 양(L) = 토양 내 디젤량 + 지하수 내 디젤량

- 토양 내 디젤량 $= \dfrac{2,000mg}{kg} \times 300m^3 \times \dfrac{1,600kg}{m^3} = 9.6 \times 10^8 mg$

- 지하수 내 디젤량 $= \dfrac{10mg}{kg} \times 1,200m^3 \times 0.4 \times \dfrac{1,000kg}{m^3} = 4.8 \times 10^6 mg$

∴ 유출된 경유의 양(L) $= (9.6 \times 10^8 + 4.8 \times 10^6) mg \times \dfrac{m^3}{850kg} \times \dfrac{1kg}{10^6 mg} \times \dfrac{10^3 L}{1m^3} = 1,135.06 L$

정답 1,135.06L

22. 지하수면 아래 대수층이 TCE에 오염되어 대수층 내 오염운이 형성되었다. 오염운의 체적 10,000m³, 대수층 평균 공극률 0.3, 지하수의 평균 TCE 농도는 1mg/L일 때 채수정 3개를 이용하여 각 채수정 당 100m³/day로 오염지하수를 채수한다면 오염지하수량을 모두 채수하는 데 걸리는 시간(day)과 그 시간 동안 채수에 의해 지하로부터 제거된 총 TCE(g) 양을 구하시오.

(1) 오염지하수량을 모두 채수하는 데 걸리는 시간(day)

(2) 지하로부터 제거된 총 TCE의 양

해설 (1) 오염지하수량을 모두 채수하는 데 걸리는 시간(day)

식 오염지하수량을 모두 채수하는 데 걸리는 시간 $=$ 지하수량 $\times \dfrac{1}{채수유량}$

- 채수유량 $= \dfrac{100m^3}{day} \times 3 = \dfrac{300m^3}{day}$

∴ 오염지하수량을 모두 채수하는 데 걸리는 시간 $= (10,000m^3 \times 0.3) \times \dfrac{day}{300m^3} = 10 day$

정답 10day

(2) 지하로부터 제거된 총 TCE의 양

식 제거된 총 TCE(g) $=$ 채수량 $\times$ TCE농도

- 채수량 $= 3,000m^3$ (지하수를 모두 채수하였음으로 채수량은 지하수량과 같음)

∴ 제거된 총 TCE(g) $= 3,000m^3 \times \dfrac{1mg}{L} \times \dfrac{10^3 L}{1m^3} \times \dfrac{1g}{10^3 mg} = 3,000g$

정답 3,000g

23. 유류로 오염된 지역을 정화하여 현재 유류의 농도가 50mg/kg이다. 잔류 유류성분에 대한 모니터링 계획 수립을 위하여 모니터링 기간을 선정하고자 한다. 정화 후 유류는 1차 반응감소계수 추세에 의해 저감된다면 10mg/kg까지 감소되는데 소요되는 시간(day)을 구하시오. (단, 1차 반응감소계수 0.006day^{-1})

해설 **식** $\ln\left(\dfrac{C_t}{C_0}\right) = -k \cdot t$

$\ln\left(\dfrac{10}{50}\right) = -0.006 \times t$, ∴ $t = 268.24 day$

정답 268.24day

24. 다음 화학식을 완결하시오.

① $C_6H_{14} + (\ ㉠\ )O_2 \rightarrow (\ ㉡\ )CO_2 + (\ ㉢\ )H_2O$

② $2C_6H_{14} + (\ ㉠\ )O_2 \rightarrow (\ ㉡\ )CO_2 + (\ ㉢\ )H_2O$

해설 ① ㉠ : 9.5　㉡ : 6　㉢ : 7
② ㉠ : 19　㉡ : 12　㉢ : 14

25. 다음 조건에서 제거해야 할 비소의 양(kg)을 구하시오.

비소로 오염된 오염지역의 토양 밀도 : 1.8g/cm³
비소의 오염농도 : 5,500mg/kg
오염토양 부피 : 1,800m³
목표오염농도 기준 : 80mg/kg

해설 **식** 제거해야 할 비소의 양(kg) = (현재농도 − 목표농도) × 토양부피 × ρ

∴ 제거해야 할 비소의 양(kg) = $\dfrac{(5,500-80)mg}{kg} \times 1,800m^3 \times \dfrac{1.8g}{cm^3} \times \dfrac{10^6 cm^3}{1m^3} \times \dfrac{1kg}{10^3 g} \times \dfrac{1kg}{10^6 mg} = 17,560.8 kg$

정답 17,560.8kg

26. 계면활성제를 이용한 토양세정공정으로 TCE로 오염된 토양 100m³를 처리하고자 한다. 오염된 토양 내 TCE 농도는 100mg/kg이었다. TCE를 모두 용해처리하기 위한 계면활성제의 양(L)을 구하시오. (단, 계면활성제 내 TCE 용해도 2,000mg/L, 공극률 0.4, 토양입자밀도 2.65g/cm³)

해설 식 계면활성제의 양 = $TCE의\ 양(mg) \times \dfrac{1}{계면활성제\ 내\ TCE용해도(mg/L)}$

- TCE의 양(mg) = $100m^3 \times 0.6 \times \dfrac{2,650kg}{m^3} \times \dfrac{100mg}{kg} = 15,900,000mg$

∴ 계면활성제의 양 = $15,900,000mg \times \dfrac{L}{2,000mg} = 7,950L$

정답 7,950L

04 CHAPTER 토양오염물질의 이동특성

UNIT 01 오염물질의 동태와 이동

1 물리적 작용

① **투수성** : 토양이 물을 통과시키는 특성으로 토양 중의 오염물질은 대부분이 물과 함께 이동하므로 투수성이 양호한 토양은 여과속도가 빠르지만 지하수오염이 심하고 토양오염은 심하지 않습니다.

② **공극** : 공극에 형태 및 크기에 따라 그 안을 흐르는 물의 속도가 달라집니다. 사질토양(모래)에서는 공극이 큰 대공극이 많고, 식질 토양(점토)에서는 공극이 작은 미세공극이 많이 있습니다. 사질토양에서는 물의 흐름이 빠르고, 식질토양에서는 물의 흐름이 느리게 됩니다. 또한 공극의 크기뿐 아니라 분포와 배열에 의해서도 물의 흐름이 달라집니다.

③ **물리적 흡착** : 토양입자표면에 오염물질이 흡착함으로써 오염물질이 토양에 축적되고 지하수로 침투되는 것이 늦춰집니다.

④ **darcy 법칙** : 다공질 매질에서의 유체흐름을 설명하는 식, 주로 토양에서의 물의 흐름을 설명할 때 사용됩니다.

$$V = \frac{KI}{n}$$

- V : 유속
- K : 투수계수(수리전도도, m/sec) ← 투수능 및 배수능의 중요한 지표로 토성과 용적밀도 등 토양특성에 따라 달라집니다.
- I : 동수경사(동수구배, 수두차/길이)
- n : 공극률

> **수리전도도 특성조사 방법**
> ① 양수시험 : 양수를 시행하여 수위강하와 거리를 측정하여 수리상수를 추정
> ② 단공 시험법 : 구멍을 뚫어 형성한 시험정을 이용하여 지하수위의 상승(회복율)을 통해 수리상수를 산정하는 방법
> ③ 추적자 시험방법 : 추적자 물질을 주입한 후 이동특성을 파악하여 수리전도도를 산정하는 방법

> 💡 **성층토층 평균투수계수**
> 토층이 다양한 경우에는 각 토층의 시료를 채취하여 투수계수를 측정한 후 전체 토층의 평균투수계수를 구합니다.

식 수직등가 투수계수(수평토층 평균투수계수) = $\dfrac{H_1 + H_2 + \cdots + H_n}{\dfrac{H_1}{K_1} + \dfrac{H_2}{K_2} + \cdots + \dfrac{H_n}{K_n}}$

식 수평등가 투수계수 = $\dfrac{H_1 K_1 + H_2 K_2 + \cdots + H_n K_n}{H_1 + H_2 + \cdots + H_n}$

- H : 토층의 폭
- K : 투수계수

2 화학적 작용

① **용해도** : 용해도가 클수록 오염물질이 토양 내 수분에 녹아들어가는 양이 많아집니다.
② **오염물질과 토양계 사이의 이동**
  ㉠ 증발 : 순수한 오염물질과 토양공기 사이에서의 분배와 이동
  ㉡ 용해 : 순수한 오염물질과 물 사이에서의 분배와 이동
  ㉢ 휘발 : 물과 토양공기 사이에서의 이동
  ㉣ 흡착 : 오염물질이 물과 토양입자의 경계면 사이에서 분배
③ **침전** : 수용액에 존재하던 오염물질이 토양입자표면에 축적되는 현상, 침전은 토양입자의 표면이나 간극수 중에서 일어납니다.

3 생물학적 작용

① **동태[2]** : 미생물에 의한 오염물질의 동태, 미생물에 의한 오염물질의 동태는 온도, 수분함량, 유기물의 양에 따라 달라집니다.
② **분해** : 미생물이 유기탄소를 에너지원을 이용하면서 오염물질을 분해하고 결과적으로 오염물질을 제거하게 됩니다.

---

[2] 동태 : 움직이거나 변하는 상태

UNIT 02 오염물질의 이동 및 저감방안

1 토양수분의 이동

(1) 토양수분의 퍼텐셜

> 식 총 수분퍼텐셜(Ψ_T) = 매트릭퍼텐셜(Ψ_m) + 중력퍼텐셜(Ψ_g) + 압력퍼텐셜(Ψ_p) + 삼투퍼텐셜(Ψ_o)

① **매트릭퍼텐셜(Ψ_m)** : 토양 입자와 물사이에 존재하는 인력에 따라 구속되는 물의 에너지, 토양입자의 표면이나 모세관공극에 흡착되므로 기준상태인 자유수에 비해 매트릭퍼텐셜은 항상 −값을 가집니다. 습한 토양의 매트릭퍼텐셜은 높고, 건조한 토양의 매트릭퍼텐셜은 낮습니다. 매트릭퍼텐셜에 의해 수분이 식물의 뿌리까지 전달됨으로 지속적으로 물을 흡수할 수 있게 됩니다.
② **중력퍼텐셜(Ψ_g)** : 중력에 의해 아래로 내려가려는 물의 에너지
③ **압력퍼텐셜(Ψ_p)** : 물의 무게로 인한 압력 때문에 생기는 에너지로 주로 포화수분상태에서만 나타납니다.
④ **삼투퍼텐셜(Ψ_o)** : 액체에 용질이 용해되면 용질의 농도에 따라 액체의 농도를 평형상태로 낮추기 위해 물이 이동하는 에너지로 염류가 집적된 토양에서 식물이 물을 흡수하기 어려운 현상을 삼투퍼텐셜로 설명할 수 있습니다.

(2) 토양수분의 이동특성

① 불포화토양에서 토양수분은 수분함량이 많은 곳에서 적은 곳으로 이동합니다.
② 불포화상태에서 수분이동은 대공극이 아닌 모세관공극이나 토양입자의 표면에 흡착된 수분층을 따라 일어납니다.
③ 불포화상태에서는 중력퍼텐셜보다 매트릭퍼텐셜이 더 중요하게 작용합니다.

(3) 토양 내에서의 수분이동의 종류

① **중력에 의한 이동** : 중력에 의해 아래로 이동
  ㉠ 침투 : 물이 토양공극 속으로 들어가서 토양수가 되는 과정
  ㉡ 투수 : 침투된 물이 중력작용에 의해 아래쪽으로 이동하는 현상
② **표면장력에 의한 이동** : 토양 표면에 흡착된 수분층을 따라 이동하거나 모세관공극을 통해 이동
③ **수증기에 의한 이동 및 증발** : 거의 대부분 지표면에서 증발의 형태로 일어나고 아주 적은 비중으로 토양공극 내에서 이동(내부이동)이 이루어짐
④ **유거** : 수분이 지표면을 따라 수평으로 이동하는 현상

(4) 비산출율과 비보유율

① **비산출율** : 중력의 영향에 의해 배출되는 물, 비산출율을 통해 이용가능한 물의 수량을 알 수 있습니다.
② **비보유율** : 암석표면과 작은 공극에 필름처럼 붙어 있는 물, 비보유율을 통해 암석 내 남아있는 물의 양을 알 수 있습니다.

$$n(공극률) = S_y(비산출율) + S_r(비보유율)$$

$$S_y(비산출율) = \frac{V_d(배출되는 물의 부피)}{V_t(전체 부피)}$$

$$S_r(비보유율) = \frac{V_r(남아있는 물의 부피)}{V_t(전체 부피)}$$

❷ 물질이동확산

① **이류** : 유체가 이동함에 따라 물질이 같이 이동하는 현상(예 강의 흐름)
② **확산** : 농도차에 의해 분자가 확산되는 현상, 이 현상은 Fick의 확산법칙으로 설명되고 농도차에 비례하여 확산이 진행되는 현상을 말합니다.

❸ 오염물질의 이동특성에 영향을 주는 인자

① **유기오염물질의 특성인자** : 증기압, 헨리상수(공기/물 분배계수), 분해상수, 옥탄올/물 분배계수, 화학적 조성
② **무기오염물질의 특성인자** : 용해도적, 착염물질의 형성

UNIT 03 지하수 수리

❶ 포화대의 지하수

포화대에서 지하수는 암석층과 지하수층으로 구분되어 있습니다. 여기서 지하수의 흐름은 암석층의 공극률에 따라 달라지고 전체공극크기에서 물이 토립자 사이를 유동할 수 있는 공극을 유효공극이라 합니다. 위 파트에서 배웠던 비보유율과 비산출율의 개념과 같이 생각해보면 포화대의 공극에 남아있는 물을 보유수라 부르고, 전체 체적에 대한 보유수의 비를 비보유률이라고 할 수 있습니다. 반대로 중력에 의해서 포화대의 암석층에서 배수되는 물의 체적을 전체체적에 대한 비를 취하면 비산출률이라 할 수 있습니다.

① **유효공극률(ne)** : 물이 토립자 사이를 유동할 수 있는 공극의 비율, 유효공극률은 비산출률과 같게 됩니다.
② 비산출률은 공극률보다 항상 작게 됩니다.

2 지하수의 에너지

$$\boxed{식}\ E_m = gz + \frac{P}{\rho} = gz + \frac{\rho g h_p}{\rho} = g(z + h_p) = gh$$

- E_m : 단위 질량당 에너지
- g : 중력가속도
- z : 지하수가 존재하는 위치
- m : 지하수의 질량
- P : 압력
- ρ : 밀도
- h_p : 수두(압력을 높이로 환산한 값)

3 정상우물수리 : 양수량과 지하수면과의 관계

① 피압대수층 기준

$$\boxed{식}\ h - h_0 = \frac{Q}{2\pi bK} ln\left(\frac{R}{r_0}\right)$$

② 비피압대수층 기준

$$\boxed{식}\ h^2 - h_0^2 = \frac{Q}{\pi K} ln\left(\frac{r}{r_0}\right)$$

- h : 전체수심
- Q : 관정유량(취수유량)
- K : 투수계수
- r_0 : 우물 반경
- h_0 : 수위
- b : 대수층의 폭
- R : 영향 반경

③ 투수량계수(T)

$$\boxed{식}\ T = K \times b$$

- b : 대수층의 폭
- K : 투수계수

④ 추출정 설계

$$\boxed{식}\ 추출정\ 개수 = \frac{복원면적}{영향면적} = \frac{복원부피}{영향부피} = \frac{\forall \times \epsilon}{Q \times t}$$

- $\forall$: 토양부피
- Q : 추출유량
- ϵ : 공극률
- t : 추출시간

4 지하수 용존오염물질의 거동

① **이송(이류)** : 용질이 지하수의 유동에 따라 운반되는 과정, Darcy의 법칙에 따라 오염물질의 이동속도가 결정됩니다.
② **확산** : Fick의 법칙에 따라 농도차에 의해 이동하는 과정입니다. 고농도에서 저농도로 이동하여 평형을 이룹니다.
③ **분산** : 오염된 지하수는 다공질 기질을 통해 흐르면서 오염되지 않는 지하수에 분산됩니다. 이때 이동하는 과정에서 희석되어 농도가 낮아지는 현상을 말합니다. 유체의 유선방향을 따라 섞이는 것을 종분산, 흐름방향과 수직방향의 분산을 횡분산이라 합니다.

> 💡 **종분산의 요인**
> ① 유체가 공극을 통해 흐를 때 공극의 가장자리보다는 중심을 통해 더 빨리 흐른다.
> ② 유체의 일부가 다른 것보다 더 긴 이동 경로를 갖는다.
> ③ 큰 공극을 지나는 유체가 작은 공극을 지나는 유체보다 빨리 흐른다.

④ **지연 효과** : 오염물질이 아래와 같은 반응을 할 경우 오염물질의 거동은 지연됩니다.
  ㉠ 흡착
  ㉡ 이온교환
  ㉢ 침전
  ㉣ 산화 · 환원

5 추적자 시험

용질이동의 결과를 알아보기 위해 비반응성 물질을 주입하여 이동 후에 추적자 물질을 분석함으로써 이동정도를 분석하는 시험(추적자 물질 : 브롬, 염소이온, 중수소, 삼중수소, 요오드)

① **실내시험**
② **현장 추적자 시험**
  ㉠ 자연 구배법
  ㉡ 단일공 순간 주입법
  ㉢ 재순환 시험법
  ㉣ 단일공 주입/양수 – 다공 관측 시험법

CHAPTER 04 토양오염물질의 이동특성

01. 지하수 내 오염물질의 거동(유동) 메커니즘 3가지를 쓰시오.

해설 ① 이류(이송)
② 확산
③ 분산
④ 지연

02. 수리전도도 특성 측정(조사)방법 3가지를 쓰시오.

해설 ① 추적자 시험방법
② 양수시험방법
③ 단공 시험법

03. 토양오염물질의 이동특성에 영향을 주는 특성인자를 유기·무기오염물질로 구분하여 2가지씩 쓰시오.

해설 (1) 유기오염물질의 특성인자 (2가지만 서술)
① 증기압
② 헨리상수(공기/물 분배계수)
③ 분해상수
④ 옥탄올/분배계수(K_{ow})

(2) 무기오염물질의 특성인자
① 용해도적
② 착염물질의 형성

04. 폭이 1m이고 두께가 50m인 대수층에 설치된 관측정 A의 수위는 50m이고 관측정 B의 수위는 30m이며 관측점 사이의 거리가 1,000m일 때 대수층에 흐르는 지하수의 양(m^3/day)은? (단, 투수계수 0.3m/day)

해설 식 $Q = A \times V$

- $V = \dfrac{KI}{n} = 0.3 m/day \times \left(\dfrac{(50-30)m}{1000m}\right) = 6 \times 10^{-3} m/day$
- $A = W \times H = 1m \times 50m = 50m^2$
- $\therefore Q = 50 \times (6 \times 10^{-3}) = 0.3 m^3/day$

정답 $0.3 m^3$/day

05. 기름의 입경 0.2mm, 밀도 0.92g/cm³, 물의 밀도 1g/cm³, 물의 점성도 0.01g/cm·sec인 지하수를 처리하는 수심 3m인 중력식 유수분리조가 있다. 기름이 수표면까지 부상하는데는 몇 분이 소요되는가? (단, stoke's의 법칙 이용)

해설 식 $t = \dfrac{H}{V}$

식 $V_b = \dfrac{d_p^2(\rho - \rho_p)g}{18\mu}$

$V_b = \dfrac{(0.2 \times 10^{-3})^2 \times (1,000 - 920) \times 9.8}{18 \times 0.001} = 1.7422 \times 10^{-3} m/\sec$

$\therefore t = \dfrac{3m}{1.7422 \times 10^{-3} m/\sec} \times \dfrac{1\min}{60\sec} = 28.70 \min$

정답 28.70min

06. 폐기물 매립 시 지하수위는 12m이고 300m 떨어진 곳에서의 지하수위는 1m이다. 수리전도도가 1.0×10^{-3}cm/sec 이고 공극률이 0.34일 때 300m 떨어진 곳까지 이동하는데 소요되는 시간(month)을 구하시오. (단, 1month = 30day)

해설 식 $t = \dfrac{L}{V}$

식 $V = \dfrac{KI}{n}$

$V = \dfrac{(1 \times 10^{-3} cm/\sec) \times \left(\dfrac{(12-1)m}{300m}\right)}{0.34} = 1.0784 \times 10^{-4} cm/\sec$

∴ $t = \dfrac{300m}{1.0784 \times 10^{-4} cm/\sec} \times \dfrac{100cm}{1m} \times \dfrac{1day}{86400\sec} \times \dfrac{1month}{30day} = 107.33 month$

정답 107.33month

07. A와 B 사이의 거리는 80m, B와 C 사이의 거리는 100m이고 수리전도도는 각각 0.04m/sec, 0.02m/sec이다. A, B의 수위가 각각 17m, 15m일 때 C의 수위(m)는?

해설 식 $V = \dfrac{KI}{n}$

A와 B 사이의 조건을 대입하면 → $V = 0.04 \times \dfrac{(17-15)}{80} = 0.001 m/\sec$

B와 C 사이의 조건을 대입하면 → $0.001 m/\sec = 0.02 \times \dfrac{(15-X)}{100}$, ∴ $X = 10m$

정답 10m

08. 추출정 사이 간격이 50m이고, Darcy 속도 0.2m/day, 수리전도도 1.0m/day일 경우 수두차(m)를 구하시오.

해설 식 $V = \dfrac{KI}{n}$

$0.2\text{m/day} = 1.0\text{m/day} \times \dfrac{\Delta H}{50\text{m}}$

∴ 수두차 = 10m

정답 10m

09. 투수계수 5.5×10^{-3}cm/sec, 공극률 0.45, 동수경사 0.0025 조건일 때 Darcy 법칙에 의한 지하수의 이동속도(m/year)는?

해설 식 $V = \dfrac{KI}{n}$

∴ $V = \dfrac{(5.5 \times 10^{-3}) \times 0.0025}{0.45} = \dfrac{3.0555 \times 10^{-5} cm}{\sec} \times \dfrac{1m}{100cm} \times \dfrac{86400\sec}{1day} \times \dfrac{365 day}{1 year} = 9.64 m/year$

정답 9.64m/year

10. 다공질매체 내 오염물질의 이동에 관계되는 주요 메커니즘 3가지를 기술하시오.

해설 ① 이류(이송) : 지하수 환경으로 유입된 오염물질이나 용질이 지하수의 공극유속과 같은 속도로 움직이는 현상
② 확산 : 용액의 농도가 불균일할 때 농도가 높은 곳으로부터 낮은 곳으로 물질이 이동하는 현상
③ 분산 : 용질이 다공질매체를 통하여 이동하는 과정에서 희석되어 농도가 낮아지는 현상

11. A와 B의 사이거리는 30m이다. 수리전도도는 0.2m/sec, darcy 속도는 0.008m/sec이고 A의 수위는 12m일 때 B의 수위(m)는?

해설 식 $V = \dfrac{KI}{n}$

- $I = \dfrac{\Delta H}{L} = \dfrac{H_A - H_B}{L} = \dfrac{12 - H_B}{30}$

$0.008 = 0.2 \times \dfrac{(12 - H_B)}{30}$, $H_B = 10.8m$

정답 10.8m

12. 기름으로 오염된 지하수를 처리하기 위하여 유수분리기를 설계하고자 한다. 기름의 입경은 0.15mm, 기름의 밀도는 0.92g/cm³, 물의 밀도는 1g/cm³, 물의 점성도는 0.01g/cm · sec일 때 기름의 부상속도(cm/min)를 Stoke's의 법칙을 이용하여 구하시오.

해설 식 $V_b = \dfrac{d_p^{\,2}(\rho - \rho_p)g}{18\mu}$

- $d_p = 0.15mm = 0.015cm$
- $g = 9.8m/\sec^2 = 980cm/\sec^2$

∴ $V_b = \dfrac{0.015^2 \times (1 - 0.92) \times 980}{18 \times 0.01} = 0.098\,cm/\sec = 5.88\,cm/min$

정답 5.88cm/min

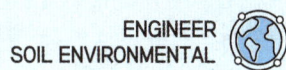

13. 전도계수가 9m²/day이고 대수층의 두께가 3m일 경우 수리전도도(m/day)를 구하시오.

   해설 **식** 수리전도도 = $\dfrac{\text{전도계수}}{\text{두께}} = \dfrac{9}{3} = 3\,m/day$

   정답 3m/day

14. 다음 조건에서 '① 추출정 최소수'와 '② 추출 소요시간(hr)'을 구하시오.

   오염원 면적 : 10,000m²
   오염원 깊이 : 3m
   공극률 : 0.4
   추출정 영향 반경 : 10m
   추출속도 : 50m³/hr

   ① 추출정 최소수

   ② 추출 소요시간(hr)

   해설 ① 추출정 최소수

   식 추출정 최소수 = $\dfrac{\text{복원면적}}{\text{영향면적}}$

   ∴ 추출정 최소수 = $\dfrac{10,000}{\pi \times 10^2} = 31.8309 ≒ 32$개

   정답 32개

   ② 추출 소요시간(hr)

   식 추출소요시간 = $\dfrac{\text{오염원의 부피}(m^3)}{\text{추출속도}}$

   ∴ 추출소요시간 = $\dfrac{10,000m^2 \times 3m \times 0.4}{50m^3/hr} = 240\,hr$

   정답 240hr

15. 다음 조건에서 추출정 개수를 구하시오.

> 오염토양 반경 : 30m
> 오염원 깊이 : 5m
> 추출정 영향 반경 : 5m
> 추출정 유량 : 30L/day

해설 **식** 추출정 개수 = $\dfrac{복원면적}{영향면적}$

- 복원면적 = $\pi r^2 = \pi \times 30^2$
- 영향면적 = $\pi r^2 = \pi \times 5^2$

∴ 추출정 개수 = $\dfrac{\pi \times 30^2}{\pi \times 5^2} = 36$

정답 36개

16. 오염부지에 대해 Bio Slurping을 이용하여 처리하고자 한다. 추출정의 영향반경은 10.5m이고 오염된 부지의 전체면적이 1,000m²이라면 필요한 추출정의 수는?

해설 **식** 추출정의 수 = $\dfrac{복원면적}{영향면적}$

- 영향면적 = $\pi r^2 = \pi \times 10.5^2 = 346.3605 m^2$

∴ 추출정의 수 = $\dfrac{1,000}{346.3605} = 2.89 ≒ 3개$

정답 3개

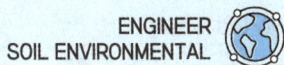

17. 대수층에서 지하수의 이동속도를 수리전도도를 이용하여 구하는 Darcy 법칙 및 각 변수를 설명하시오.

해설 **식** $V = \dfrac{KI}{n}$

- V : 실제 지하수 이동속도
- n : 유효공극률
- K : 수리전도도(투수계수)
- I : 동수경사(수리경사)

18. 다음 조건의 지하수 이동속도(m/year)를 구하시오. (단, Darcy 법칙 적용)

| 투수계수 : 5.5×10^{-3} cm/sec |
| 공극률 : 0.4 |
| 동수경사 : 0.0025 |

해설 **식** $V = \dfrac{KI}{n}$

$\therefore V = \dfrac{5.5 \times 10^{-3} cm}{\sec} \times \dfrac{1m}{100cm} \times \dfrac{86400 \sec}{1 day} \times \dfrac{365 day}{1 year} \times \dfrac{0.0025}{0.4} = 10.84 m/year$

정답 10.84m/year

19. 추출정 사이 간격이 50m이고, Darcy 속도 0.3m/day, 수리전도도 1.0m/day일 경우 수두차(m)를 구하시오.

해설 식 $V = \dfrac{KI}{n}$

$0.3 = 1 \times I = 1 \times \dfrac{\Delta h}{50m}, \quad \therefore \Delta h = 15m$

정답 15m

20. 추출정 A, B, C가 있다. A와 B 사이의 거리는 40m, B와 C 사이의 거리는 50m이고 수리전도도는 각각 1.0m/day, 2m/day이다. A, C의 수두깊이가 각각 20m, 16m일 때 B의 수두(m)를 구하시오.

해설 식 $V = \dfrac{KI}{n}$

A와 B 사이의 조건을 대입하면 → $V = 1 \times \dfrac{(20-X)}{40}$

B와 C 사이의 조건을 대입하면 → $V = 2 \times \dfrac{(X-16)}{50}$,

$1 \times \dfrac{(20-X)}{40} = 2 \times \dfrac{(X-16)}{50}, \quad \therefore X = 17.54m$

정답 17.54m

21. 각 지층의 투수계수가 각각 K_1 : 5×10^{-3} cm/sec, K_2 : 2×10^{-4} cm/sec, K_3 : 3×10^{-2} cm/sec이고, 두께는 H_1 : 5m, H_2 : 4m, H_3 : 4m일 때 수직등가 투수계수와 수평등가 투수계수(cm/sec)를 구하시오.

(1) 수직등가 투수계수

(2) 수평등가 투수계수

해설 (1) 수직등가 투수계수

식 수직등가 투수계수 $= \dfrac{H_1 + H_2 + \cdots + H_n}{\dfrac{H_1}{K_1} + \dfrac{H_2}{K_2} + \cdots + \dfrac{H_n}{K_n}}$

$= \dfrac{(500 + 400 + 400)\,\text{cm}}{\left(\dfrac{500}{5 \times 10^{-3}\,\text{cm/sec}}\right) + \left(\dfrac{400}{2 \times 10^{-4}\,\text{cm/sec}}\right) + \left(\dfrac{400}{3 \times 10^{-2}\,\text{cm/sec}}\right)}$

$= 6.14 \times 10^{-4}\,\text{cm/sec}$

(2) 수평등가 투수계수

식 수평등가 투수계수 $= \dfrac{H_1 K_1 + H_2 K_2 + \cdots + H_n K_n}{H_1 + H_2 + \cdots + H_n}$

$= \dfrac{[(5 \times 10^{-3}\,\text{cm/sec}) \times (500\,\text{cm})] + [(2 \times 10^{-4}\,\text{cm/sec}) \times (400\,\text{cm})] + [(3 \times 10^{-2}\,\text{cm/sec}) \times (400\,\text{cm})]}{(500 + 400 + 400)\,\text{cm}}$

$= 1.12 \times 10^{-2}\,\text{cm/sec}$

05 CHAPTER 토양미생물

UNIT 01 토양미생물 분류

1 세균(Bacteria)

① **구성성분** : 수분 80%, 고형물 20%, 원핵세포, 단세포
② **형태**
    ㉠ 구균(Coccus) : 공 모양
    ㉡ 간균(Bacillus) : 막대기 모양
    ㉢ 나선균(Spirillum) : 나선형으로 굽은 모양
③ **크기** : 0.8~5㎛
④ **분자식** : $C_5H_7O_2N$
⑤ **종류** : Zooglea, Bacillus, Alcaligenes, Pseudomonas, Acinetobacter, Sphaerotilus(사상균) 등
⑥ **구조**
    ㉠ 고형물 중 90%가 유기물이고 10%는 무기물
    ㉡ 세포벽과 세포질, 세포질막이 존재한다.
⑦ **특징**
    ㉠ 표토에서는 산소가 많아 호기성세균이 주로 존재
    ㉡ 심토에서는 산소가 적어 혐기성세균이 주로 존재

2 균류(fungi, 곰팡이)

① **구성성분** : 수분 80%, 고형물 20%, 다세포, 진핵세포
② **특징** : 산성 조건, 산소 부족 조건, 영양염류 부족 조건 등 척박한 환경에서 잘 생존
③ **크기** : 5~20㎛
④ **분자식** : $C_{10}H_{17}O_6N$
⑤ **종류** : Penicillium, Fusarium, Aspergillus, Mucor 등

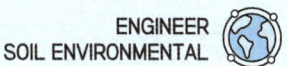

3 균근균(mycorrhizal fungi)

① 종류
  ㉠ 외생균근 : 뿌리 표면에 서식하는 균
  ㉡ 내생균근 : 뿌리 안쪽에 서식하는 균

4 토양방선균(actinomycetes)

① 구성성분 : 원핵생물
② 특징 : 호기성, 건조한 환경에서 잘 생장, 산성에 약하고 알칼리성에 내성이 있음

5 조류(algae)

① 구성성분 : 단세포 또는 다세포, 진핵세포
② 특징 : 광합성을 통한 산소공급, 맛과 냄새 및 색도유발, 독성물질 생산, CO_2 흡수를 통한 알칼리도 및 pH 상승
③ 분자식 : $C_5H_8O_2N$
④ 종류
  ㉠ 녹조류 : 운동성이 있는 경우도 있고 없는 경우도 있음, 엽록소 안에 엽록소와 다른 색소를 가짐(예 클로렐라)
  ㉡ 규조류 : 단세포로 실리카가 주성분, 봄가을에 급성장함
  ㉢ 남조류 : 박테리아와 유사한 형태이며, 단세포이고, 편모가 없음, 엽록소가 엽록체 내부에 있지 않고 세포 전체에 퍼져 있음, 과다증식 시 water bloom(수화현상, 녹조)를 유발
  ㉣ 유글레나류 : 콜로니(군락)을 이루는 성질이 있고, 단세포이며, 편모를 이용하여 운동함

6 원생동물(protozoa)

① 구성성분 : 단세포, 진핵세포
② 특징 : 호기성
③ 크기 : 30~100㎛
④ 형태
  ㉠ 섬모충류 : 여러개의 가늘고 작은 털로 운동함
  ㉡ 편모충류 : 원통 모양 또는 공 모양으로 하나 또는 여러 개의 긴 고리(편모)로 운동함
  ㉢ 위족류(아메바) : 몸이 고정되지 않고 계속해서 형태가 변하며, 위족을 만들어 아메바상 운동을 함
  ㉣ 포자충류 : 특별한 운동기관이 없는 포자를 형성하는 기생성 미생물
⑤ 종류 : Vorticella, Sarcodina, Suctoria, Mastigophora 등

7 미소후생동물(metazoa)

① **구성성분** : 다세포
② **특징** : 호기성, 운동성이 활발함
③ **종류** : 윤충류(rotifer), 선충류, 갑각류(Crustaceans)

UNIT 02 토양미생물의 기능과 특성

1 미생물과 탄소원 및 에너지원

탄소원	CO_2(무기물)	독립영양
	유기물	종속영양
에너지원	태양광선	광합성
	산화환원반응	화학합성

탄소원과 에너지원에 따라 위의 표처럼 분류되고, 일반적으로 토양환경에서 미생물은 아래와 같이 4가지로 분류됩니다.

① **광합성 독립영양미생물** : CO_2 섭취하고, 태양광선으로 에너지 얻는 미생물(예 green bacteria, cyanobacteria, purple bacteria)
② **화학합성 독립영양미생물** : CO_2 섭취하고, 산화환원반응으로 에너지 얻는 미생물(예 황세균, 철세균, 질산화세균, 수소산화세균 등)
③ **광합성 종속영양미생물** : 유기물 섭취하고, 태양광선으로 에너지 얻는 미생물
④ **화학합성 종속영양미생물** : 유기물 섭취하고, 산화환원반응으로 에너지 얻는 미생물(예 세균, 균류, 원생동물, 미소후생동물 등 대부분의 미생물)

2 미생물과 용존산소

① **호기성** : 용존산소가 풍부한 상태로, 호기성 미생물들은 유리산소(O_2 형태의 산소)가 존재해야만 생존이 가능합니다.
② **혐기성** : 용존산소가 거의 없는 상태로 혐기성 미생물들은 결합산소(분자안에 포함된 산소)를 이용하여 생존합니다.
③ **임의성** : 호기성으로 될 수도 있고 혐기성으로 될 수도 있는 상태

> 💡 **통성혐기성균**
> 유리산소(O_2 형태의 산소)의 존재 유무에 관계없이 증식이 잘 되지만 유리산소가 존재할 때 증식이 더 활발하게 진행되는 균

③ 미생물과 pH

pH 값의 적정범위는 6~8이며, 일반적으로 미생물이 가장 좋아하는 pH는 6.5~7.5입니다. pH가 4.5 이하로 내려가거나 9.0 이상으로 올라가면 대부분의 미생물은 사멸합니다.

④ 미생물과 온도 : 대체적으로 10~40℃ 조건에서 생존, 10℃ 증가할 때마다 생분해도는 두 배로 증가합니다.

분류	최적온도(℃)
저온성 미생물	약 15
중온성 미생물	약 35
고온성 미생물	약 55

UNIT 03 세포증식과 기질제거

① 미생물 성장곡선

① **지체기(유도기)** : 균체가 새로운 환경에 적응하여 발육을 준비하는 기간으로 수분 및 영양물질의 흡수가 있을 뿐 균의 증감은 나타나지 않는 단계
② **대수성장기(지수성장기)** : 균의 대사가 왕성하여 세포분열도 활발하고, 균의 체적도 증가하는 단계
③ **감소성장기** : 세균증식으로 인해 영양분이 소실되면서, 일부분의 세균은 사멸하며 성장속도가 줄어들고, 남은 영양물질의 섭취를 위해 미생물들이 모여서 증식하면서 플록(덩어리)을 형성하는 단계
④ **정상기(정체기)** : 균수가 최고에 달하여 증감이 없는 단계
⑤ **내생호흡기** : 영양물질이 소실됨에 따라 세균의 사멸이 증가하고, 세균 스스로 자신의 몸에 있는 원형질을 분해하여 에너지를 사용하면서, 세균의 부피와 무게가 줄어드는 단계로 수중에 유기물 및 영양물질의 함량이 가장 낮은 단계

2 미생물 증식속도

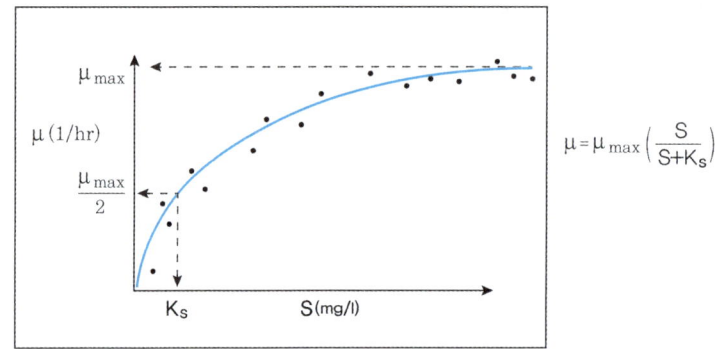

$$\mu = \mu_{max} \times \frac{S}{K_s + S}$$

- μ : 비증식속도(시간$^{-1}$)
- μ_{max} : 최대 비증식속도(시간$^{-1}$)
- S : 기질농도(무게/부피)
- K_s : 반속도상수($\mu = \frac{1}{2}\mu max$일 때 제한기질의 농도)

UNIT 04 유기물분해에 미치는 요인

1 환경요인

① **pH** : 토양의 pH가 중성일 때, 유기물 분해속도는 정상상태가 되고, 산성이나 알칼리성 상태에서 유기물의 분해속도는 느려집니다.
② **산소** : 혐기성보다 호기성에서 유기물의 분해속도는 빨라집니다.
③ **온도** : 적정온도 25~35℃에서 유기물의 분해속도는 가장 빠르고, 온도가 극히 높거나 낮으면 유기물의 분해속도가 느려집니다.

2 유기물의 구성요소

① **리그닌의 함량** : 리그닌이 많이 함유되어 있을수록 분해속도가 느려집니다.
② **페놀화합물 함량** : 페놀화합물이 많이 함유되어 있을수록 분해속도가 느려집니다.

3 탄질률(탄질비, C/N비)

① **탄질률이 클 때** : 분해속도가 느려짐
② **탄질률이 작을 때** : 분해속도가 빠르고 암모늄의 생성도 활발(단, 과도하게 낮은 탄질률은 암모니아의 과생성을 초래하여 질소성분이 휘발되므로 오히려 분해속도가 느려짐)

4 유기독성물질의 미생물 분해반응

① **가수분해반응** : 물이 가수분해 반응 시 발생된 수산이온(OH)이 유기화합물질과 반응하고 할로겐이온이 떨어져 나오는 반응이다.

$$\text{반응식} \quad RX + H_2O \rightarrow ROH + H^+ + X^-$$

- X^- : 할로겐 원소

② **탈염소반응** : 염소로 치환된 유기화합물이 전자수용체로 이용되어 수소원자 한 개와 반응하면서 염소원자가 떨어져 나오는 반응이다.

$$\text{반응식} \quad CCl_4 \rightarrow HCCl_3 \rightarrow H_2CCl_2 + Cl^-$$

③ **분할** : 유기화합물 내의 탄소-탄소 사이의 결합이 분할되거나, 탄소사슬의 끝단에 있는 탄소가 떨어져 나오는 반응이다.

$$\text{반응식} \quad R-COOH \rightarrow RH + CO_2$$

④ **산화반응** : 친전자성인 산소를 이용하여 유기화합물을 분해하는 반응 또는 전자를 잃어버리는 반응으로, 예를 들어 방향족화합물인 경우 고리의 한쪽 끝에서 수산화반응에 의해 산화반응이 시작된다.

$$\text{반응식} \quad RCH_3 \rightarrow RCH_2OH \rightarrow RCHO \rightarrow RCOOH$$
$$\text{반응식} \quad CH_3CHCl_2 + H_2O \rightarrow CH_3CCl_2OH + 2H^- + 2e^-$$

⑤ **환원반응** : 친핵성인 수소를 이용하여 유기화합물을 분해하는 반응 또는 전자를 얻는 반응이며 지방족화합물에서 염소이온의 수를 줄여주는 역할을 한다.

$$\text{반응식} \quad CCl_4 + H^+ + 3e^- \rightarrow CHCl_3 + Cl^-$$

⑥ **탈수소할로겐화 반응** : 유기화합물로부터 수소이온과 염소이온이 떨어져 나오는 반응으로 탈염소반응과 유사하다.

$$\text{반응식} \quad CCl_3CH_3 \rightarrow CCl_2CH_2 + HCl$$

⑦ **탈수소 반응** : 2개의 수소원자를 잃음으로써 2개의 전자를 잃는 반응

[반응식] $CH_3CH_2OH \rightarrow CH_3CHO + H_2$ (산화 촉매가 주로 사용)

⑧ **치환 반응** : A반응물질의 일부와 B반응물질의 일부가 서로 교환되는 반응

[반응식] $CH_3CH_2Br + HS^- \rightarrow CH_3CH_2SH + Br^-$

5 생분해과정(5단계)

호기성 산화(호기성 생분해) → 탈질화(질산염 이용 혐기성 분해) → 3가철 환원 → 황산염 환원 → 메탄 산화

CHAPTER 05 토양미생물

01. 오염된 지역의 조사에서 용존산소 배경농도가 6mg/L, 벤젠으로 오염된 지역 내의 용존산소량이 0.5mg/L일 때 호기성 생분해 과정을 통해 소모된 산소에 따른 생분해 분해능(mg/L)을 구하시오.

해설 식 $C_6H_6 + 7.5O_2 \rightarrow 6CO_2 + 3H_2O$
  78mg : 7.5×32mg
   X : (6−0.5)mg/L,   ∴ $X = 1.79 mg/L$
정답 1.79mg/L

02. 호기성 생분해기술을 적용한다면 1mg/L의 벤젠을 생분해하는 데 필요한 이론산소의 양(농도, mg/L)은? (벤젠 화학식 C_6H_6)

해설 식 $C_6H_6 + 7.5O_2 \rightarrow 6CO_2 + 3H_2O$
  78mg : 7.5×32mg
  1mg/L : X,   ∴ $X = 3.08 mg/L$
정답 3.08mg/L

03. 다음 조건의 벤젠 생분해 소요기간(day)을 구하시오.

- 벤젠농도 : 500mg/kg
- 공기 중 산소의 농도 : 23%(w/w)
- 토양밀도 : 1.8g/cm³
- 오염층 부피 : 20,000m³
- 공기밀도 : 1.3kg/m³
- 유량 : 50m³/hr

해설 **식** 생분해 소요기간 = $\dfrac{\text{벤젠분해시 필요산소량}}{\text{주입 산소량}}$

- 벤젠 분해 시 필요산소량

  식 $C_6H_6 + 7.5O_2 \rightarrow 6CO_2 + 3H_2O$

  78mg : 7.5×32mg

  $\dfrac{500mg}{kg} \times 20,000 m^3 \times \dfrac{1,800 kg}{m^3}$: X, $X = 5.5384 \times 10^{10} mg \times \dfrac{1 kg}{10^6 mg} = 55,384.6153 kg$

- 주입 산소량 = $\dfrac{50 m^3}{hr} \times \dfrac{1.3 kg}{m^3} \times \dfrac{23\, O_2}{100\, Air} = 14.95 kg/hr$

∴ 생분해 소요기간 = $\dfrac{55,384.6153 kg}{14.95 kg/hr} \times \dfrac{1 day}{24 hr} = 154.36 day$

정답 154.36day

04. 유기독성 물질의 미생물 분해반응의 종류 6가지 중 3가지의 반응식을 쓰고 간단히 설명하시오.

해설 ㉠ 가수분해반응 : 물이 가수분해 반응 시 발생된 수산이온(OH)이 유기화합물질과 반응하고 할로겐이온이 떨어져 나오는 반응이다.
  반응식 $RX + H_2O \rightarrow ROH + H^+ + X^-$
  - X^- : 할로겐 원소

㉡ 탈염소반응 : 염소로 치환된 유기화합물이 전자수용체로 이용되어 수소원자 한 개와 반응하면서 염소원자가 떨어져 나오는 반응이다.
  반응식 $CCl_4 \rightarrow HCCl_3 \rightarrow H_2CCl_2 + Cl^-$

㉢ 분할 : 유기화합물 내의 탄소-탄소 사이의 결합이 분할되거나, 탄소사슬의 끝단에 있는 탄소가 떨어져 나오는 반응이다.
  반응식 $R-COOH \rightarrow RH + CO_2$

㉣ 산화반응 : 친전자성인 산소를 이용하여 유기화합물을 분해하는 반응 또는 전자를 잃어버리는 반응으로, 예를 들어 방향족화합물인 경우 고리의 한쪽 끝에서 수산화반응에 의해 산화반응이 시작된다.
  반응식 $RCH_3 \rightarrow RCH_2OH \rightarrow RCHO \rightarrow RCOOH$
  반응식 $CH_3CHCl_2 + H_2O \rightarrow CH_3CCl_2OH + 2H^- + 2e^-$

ⓔ 환원반응 : 친핵성인 수소를 이용하여 유기화합물을 분해하는 반응 또는 전자를 얻는 반응이며 지방족화합물에서 염소이온의 수를 줄여주는 역할을 한다.
반응식 $CCl_4 + H^+ + 3e^- \rightarrow CHCl_3 + Cl^-$

ⓕ 탈수소할로겐화 반응 : 유기화합물로부터 수소이온과 염소이온이 떨어져 나오는 반응으로 탈염소반응과 유사하다.
반응식 $CCl_3CH_3 \rightarrow CCl_2CH_2 + HCl$

ⓖ 탈수소 반응 : 2개의 수소원자를 잃음으로써 2개의 전자를 잃는 반응
반응식 $CH_3CH_2OH \rightarrow CH_3CHO + H_2$ (산화 촉매가 주로 사용)

ⓗ 치환 반응 : A반응물질의 일부와 B반응물질의 일부가 서로 교환되는 반응
반응식 $CH_3CH_2Br + HS^- \rightarrow CH_3CH_2SH + Br^-$

05. 미생물에 의한 오염토양 처리 시 탄소원과 에너지원을 구분하여 쓰시오.

해설 ① 종속영양미생물
㉠ 화학합성 종속영양
• 탄소원 : 유기탄소
• 에너지원 : 유기물의 산화·환원반응
㉡ 광합성 종속영양
• 탄소원 : 유기탄소
• 에너지원 : 빛
② 독립영양미생물
㉠ 화학합성 자가영양
• 탄소원 : 이산화탄소(CO_2)
• 에너지원 : 무기물의 산화·환원반응
㉡ 광합성 자가영양
• 탄소원 : 이산화탄소(CO_2)
• 에너지원 : 빛

06. 미생물의 비증식 속도식(Monod 식)을 나타내고 각 변수를 설명하시오.

[해설] [식] $\mu = \mu_{max} \times \dfrac{S}{K_s + S}$

- μ : 비증식속도(시간$^{-1}$)
- μ_{max} : 최대 비증식속도(시간$^{-1}$)
- S : 기질농도(무게/부피)
- K_s : 반속도상수($\mu = \dfrac{1}{2}\mu\mathrm{max}$일 때 제한기질의 농도)

07. 생물학적 복원에서 호기성 생분해 반응기작을 화학식으로 표현하고, 생분해 과정을 간략히 설명하시오.

O_2, H_2O, 유기오염물질(OC), CO_2, 에너지, 영양소

[해설] [반응식] 유기오염물질(OC) + O_2 + 영양소 → CO_2 + H_2O + 에너지

06 CHAPTER 부지특성 조사하기

UNIT 01 토양오염부지 특성조사

1 토양·지하수오염 진단

① **자료조사** : 조상대상지 및 주변지역에 대해 자료와 청취 및 답사를 통해 개황을 파악하고 오염의 가능성을 판단한다. 오염의 가능성이 없다고 판단되는 경우에는 이 단계에서 조사를 종료한다.
② **표층조사** : 표층을 채취하여 분석한다.
③ **토양(표층)가스 조사** : 휘발성물질에 의한 토양 및 지하수오염을 대상으로 실시한다. 지표에서 가스가 검출되는 것을 땅속에 오염물질이 있을 것으로 예상할 수 있다.
④ **지중 가스조사** : 심층부의 가스를 파이프를 통하여 흡인한 후 분석하는 방법으로 표층가스조사보다 정확도가 높다.
⑤ **보링조사** : 오염심도의 방향 및 분포를 파악한다.
  ㉠ 보링조사의 방식 : 오거, 수세식, 회전식
  ㉡ 조사항목 : 지반구성, 암반층 깊이, 지하수 깊이, 토양비중, 토양입도분포, 연경도, 함수비, 투수성
  ㉢ 시료채취심도 : 중금속조사는 기본적으로 표토(0.15m 미만), 0.5m, 1m, 2m, 3m, 4m, 5m의 7층에서 행한다. (7심도) ← 중요!
⑥ **지하수조사** : 토양오염이 판명된 경우에 조사대상지 및 주변의 우물에서 지하수의 오염상황 및 유동상황을 조사한다.

> 💡 **대수층의 수리지질학적 요소** : 수리전도도, 투수량 계수, 공극률, 비저류계수 및 저류계수, 비산출률, 비보유율

2 파이퍼 다이어그램(Piper diagram)

지하수의 수질 특성을 분석하기 위한 그래프로 주요 양이온과 음이온의 당량농도의 상대적인 비율을 삼각형과 마름모 형태의 도표에 도시한 것이다. 왼쪽아래에 있는 삼각도표에는 양이온의 상대적 비율이 도시되고 오른쪽 아래에 있는 삼각도표에는 음이온의 상대적 비율이 도시된다. 그리고 중간 위쪽에 있는 마름모 도표에는 다음

양 삼각도표의 바깥쪽 경계선과 나란한 선을 확장함으로써 양이온과 음이온의 상대 비율이 함께 도시되게 된다. epm 단위로 계산된 자료를 이용하여 도시한다. 파이퍼 다이어그램은 시각적으로 물의 특성을 표현함으로 여러 지역에서 채취된 지하수의 수질 유형을 한눈에 파악하는데 유용하게 사용될 수 있다.

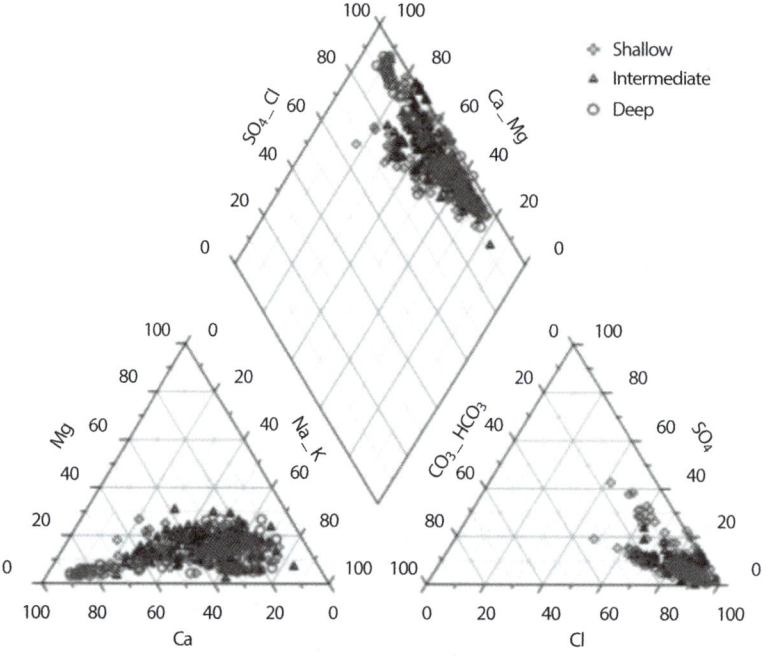

3 스티프 다이어그램(Stiff diagram)

다각형 형태로 왼쪽에는 양이온, 오른쪽에는 음이온을 나타내며 다각형의 면적이 넓을수록 용존이온의 농도가 높다. Stiff diagram은 여러 시료를 한 눈에 비교할 때 용이하다.

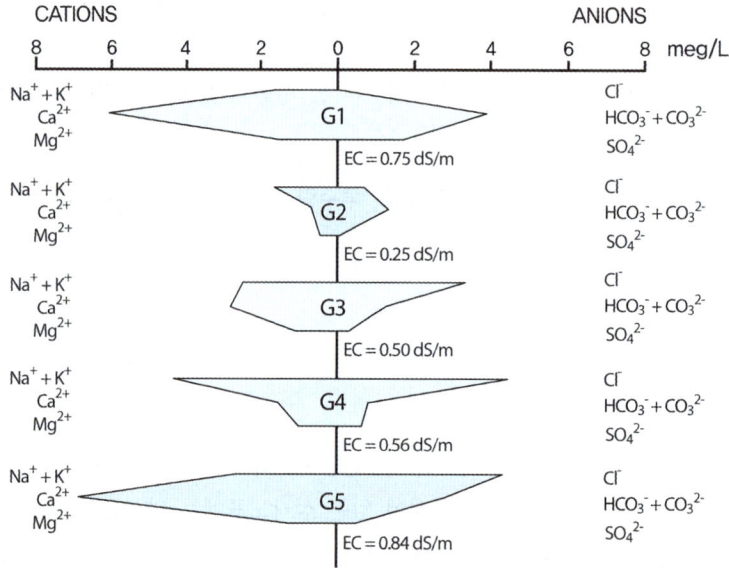

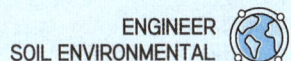

> 💡 **EC(전기전도도)**
> 전기전도도는 지하수내 용존물질의 농도를 간접적으로 나타낸다.

UNIT 02 오염부지복원조사 및 적용성 평가

1 복원조사

① 부지의 수리지질학적인 특성파악
② 오염원의 확산과 이동에 대한 모델링
③ 조사부지의 오염원 개념모델 수립

2 적용성평가

① 적절한 복원대안들을 선정하고 선정된 방법을 선별
② 복원기술에 대해 효율성을 평가하기 위해 실험을 진행
   ㉠ Bench Test(실내실험) : 실험실 규모에서 효율성을 평가하는 실험
   ㉡ Pilot Test(현장실험) : 현장에 직접 적용하여 효율성을 평가하는 실험

CHAPTER 06 부지특성 조사하기

01. 포화대수층의 수리지질학적 요소 5가지를 쓰시오.

[해설] 수리전도도, 투수량 계수, 공극률, 비저류계수 및 저류계수, 비산출률, 비보유율

02. 다음 설명에 알맞은 용어를 쓰시오.

> 지하수 모니터링의 수질조사에 널리 이용되고 있는 삼각수질도식법으로 상단의 다이아몬드형과 하단의 두 삼각형으로 구성되며 epm 단위로 계산된 자료를 이용하여 도시한다.

[해설] 파이퍼 다이어그램

03. 지하수 모니터링의 수질조사에 널리 이용되고 있는 삼각수질도식법으로, 하단의 2개 삼각형 중 왼쪽은 주양이온 Na^+, K^+, Ca^{2+}, Mg^{2+}의 농도(epm)를 백분율로 환산하여 도시하고, 오른쪽 삼각형에는 주음이온인 Cl^-, SO_4^{2-}, HCO_3^-, CO_3^{2+} 이온농도(epm)를 백분율로 환산하여 도시하여 양이온과 음이온이 도시된 점을 상부에 있는 다이아몬드형 그래프에 도시하여 지하수의 유형분석과 진화 및 혼합작용을 분석하는데 이용하는 수질도식법의 이름은?

[해설] 파이퍼 다이어그램

04. 토양부지오염도 평가 중 적용성 평가 방법을 쓰시오. [예시] 벤치테스트, 단, 예시의 내용은 제외한다.)

[해설] Pilot Test(현장실험)

CHAPTER 07 토양 및 지하수오염 정화기술

> **총칙**
>
> 1) 오염토양정화기술의 설계절차 4단계
>   ① 사전조사 단계
>   ② 정화공법의 선정 단계
>   ③ 적용성 시험 단계
>   ④ 공정설계 단계
>
> 2) 오염토양처리장소에 따른 구분
>   (1) On-Site : 오염된 토양을 부지 내(현장 내)에서 처리하는 방법
>   ① in-situ : 굴착하지 않고 지중에서 처리
>   ② ex-situ : 굴착 후 지상에서 처리
>   (2) Off-Site : 오염된 토양을 부지 외(현장 외)에서 처리하는 방법

UNIT 01 물리·화학적 정화기술

1 물리·화학적 복원기술

(1) 토양증기추출법(SVE, ISV) - [in-situ]

① **원리** : 오염된 토양층(불포화층)에 인위적인 가스추출정을 설치하여 토양을 진공상태로 만들어 준 후 송풍기를 이용하여 휘발성 및 반휘발성 오염물질을 흡인하고 흡인된 가스 중 오염물질은 흡착처리(활성탄, 바이오필터 이용)하여 처리하는 지중처리기술(in-situ)입니다.

> **장치구성**
> 가스추출정, 진공펌프, 송풍기, 유량계, 조절밸브, 배기가스처리장치, 기액 분리장치, 흡착탑

② 영향인자

　㉠ 토양투수성에 영향을 미치는 인자 : 고유투수계수, 지하수위, 토양구조 및 지층구조, 수분함량, 토양 pH

　　ⓐ 오염토양의 고유투수계수 : 투수계수에 따라 오염물질의 이동성이 달라진다.

고유투수계수(k, cm^2)	토양증기추출법의 적용성
k ≥ 10^{-8} (모래, 실트)	적합
10^{-8} ≥ k ≥ 10^{-10} (실트, 점토)	부분적 적합
k ≤ 10^{-10} (점토질 실트, 점토)	부적합

　　ⓑ 지하수위 : 토양증기추출법은 지하수위가 3m 이상인 경우에 적용성이 크다.

　　ⓒ 토양구조 및 지층구조 : 토양 내 미세균열 또는 다층구조의 토양에서는 추출이 정상적으로 진행되기 어렵다.

　　ⓓ 수분함량 : 과도한 수분함량은 토양투수성을 감소시킨다.

　　ⓔ 수리전도도 : 10^{-4} cm/sec까지 적용한다.

　㉡ 오염물질 휘발성에 영향을 미치는 인자 : 증기압, 오염물질의 구성 및 비등점(끓는점), 헨리 상수

　㉢ 오염물질의 특성판단인자 : 흡착계수, 용해도, 헨리상수, 증기압

③ 특징

　㉠ 휘발성이 큰 휘발유, 항공유, BTEX에 잘 적용됩니다. (경유, 난방유, 윤활유는 어려움)

　㉡ 매립지의 가스제거, 지하저장탱크의 누출물질제거, 유해 폐기물 오염지역에 많이 이용됩니다.

　㉢ 초기에는 제거효율이 좋고, 시간이 지남에 따라 휘발성이 낮은 물질이 잔류하므로 제거효율이 감소합니다.

　㉣ 토양의 투수 및 통기가 충분히 확보가능한 경우 적용이 용이합니다. 따라서 입경이 큰 토양일수록 처리효율이 증가합니다.

④ 장단점

장점	단점
㉠ 운전효과가 증명되어 있음 ㉡ 필요장비의 조달이 용이 ㉢ 정화공사 중에도 부지를 활용가능 ㉣ 짧은 복원 기간 ㉤ NAPL 존재할 경우에도 적용가능 ㉥ 비용이 적절 ㉦ 다른 기술과 조합 시 효과 증대 ㉧ 휘발성이 낮은 유기물질의 생분해촉진	㉠ 90% 이상 농도 감소 어려움 ㉡ 중질유, 중금속, PCB, 다이옥신, PAHs 등의 정화에는 부적합 ㉢ 저투과성의 토양(미세토양, 수분함량 높은 토양 등)이나 점토질 함량 높은 토양에 효과가 낮음 ㉣ 유기물의 함량이 많고 매우 건조한 토양은 VOCs의 흡착능이 높아 제거율이 감소 ㉤ 추출가스의 2차 처리 문제 ㉥ 배출가스에 대한 기준 필요 ㉦ 불포화토양에 한하여 적용이 용이

⑤ 모니터링

ⓐ 모니터링 항목

　　ⓐ 정화효율 : 관정 내 추출가스 측정(주 1회), 배기가스 처리시설 토출구 측정(일일 2회)

　　ⓑ 공정운영 : 공기 추출유량/압력(일일 1회), 영향반경(주 1회), 배관압력 및 밸브 점검(주 1회), 추출 관정 상부점검(주 1회)

　　ⓒ 부지조건 : 지하수위, 유동유분측정(주 1회)

[출처 : 오염토양 정화공법별 세부시설 및 성능기준 개발연구, 장윤영, 2015]

⑥ 오염물질 계산

ⓐ 토양 내 총 오염물질 농도

$$C_T = \rho_b C_s + \theta_w C_w + \theta_g C_g$$

- ρ_b : 토양총체밀도(kg/m³)
- C_s : 토양 내 오염물질 농도(mg/kg)
- θ_w : 수분 부피비(수분부피 m³/전체부피 m³)
- C_w : 토양 수분 내 오염물질농도(mg/m³)
- θ_g : 공기 부피비(공기부피 m³/전체부피 m³)
- C_g : 토양 공기 중 오염물질농도(mg/m³)

ⓑ 흡착계수와 헨리상수를 이용하여 유도

$$C_T = \rho_b C_s + \theta_w C_w + \theta_g C_g$$
$$C_T = \rho_b (K_d C_w) + \theta_w C_w + \theta_g (H' C_w) \;\leftarrow\; \text{흡착계수와 헨리상수 대입}$$
$$C_T = (\rho_b K_d + \theta_w + \theta_g H') C_w \;\leftarrow\; C_w \text{로 정리}$$
$$C_T = \rho_b (K_d C_w) + \theta_w C_w + \theta_g (H' C_w) \;\leftarrow\; C_w = \frac{C_g}{H'} \text{ 대입 후, } C_g \text{로 정리}$$
$$C_T = \left(\rho_b \frac{K_d}{H'} + \frac{\theta_w}{H'} + \theta_g \right) C_g \;\leftarrow\; \text{암기!}$$

- $C_s = K_d C_w$ (흡착계수)
- $C_g = H' C_w$ (헨리상수)

(2) 토양세척법(soil washing) - [ex-situ]

① 원리

오염된 토양층을 굴착한 후 적절한 세척제를 사용하여 토양입자에 결합되어 있는 유해한 유기오염물질의 표면장력을 약화시키거나 오염물질을 용해하여 순수토양과 분리시켜 처리하는 기술입니다. 세척제로는 물을 많이 사용하고 첨가제로 pH조절제, 계면활성제, 착화제, 산화제, 응집제 등을 사용합니다.

> 💡 **장치구성**
>
> 파쇄기, 선별기, 분리장치, 혼합 및 추출장치(필요에 따라 선택), 세척액 처리장치(회전형, 교반형, 진동형, 유동상형), 대기오염방지장치

> 💡 **공정순서**
>
> 전처리 → 분리(토사입자 분리) → 굵은 토양 처리(조립질 토사 처리) → 미세 토양 처리(세립질 토사 처리) → 세척수 처리(오염수 처리) → 처리 잔류물 관리

> 💡 **세척장치의 종류**
>
> ① 진동형(진동체, 진동세척기, 초음파세척기)
> ② 교반형(스크류형, 교반기형, 경사축형)
> ③ 유동상형
> ④ 회전형(일반형, 특수형)

② **특징**

㉠ 채광공정과 폐수처리공정을 응용하여 개발되었다.
㉡ 오염물질이 미세토양에 많이 흡착되어 있는 경우 분리 후 토양의 부피가 현저히 감소된다.
㉢ 토양입자와 화학적으로 강하게 결합되지 않은 오염물질은 물리적인 방법으로 쉽게 제거된다.
㉣ 유기오염물질, 유류 및 중금속 오염에 적용이 가능하다.
㉤ 점토, 암반의 비중이 높아 투수성이 매우 낮은 경우, 수압파쇄를 통해 투수성을 높일 수 있다.
㉥ 빠른시간에 긴급히 처리해야 할 때 유용하게 사용할 수 있다.
㉦ 모래에 효과가 크고, 미사에는 부분적 효과, 점토에는 효과가 없다. (미세토양 부식물질의 혼합률 30% 초과 시 비경제적)
㉧ 계면활성제는 표면장력을 크게 낮추어 중력에 의한 고액분리를 도모하는 것이 좋다.

> 💡 **제약조건**
>
> - 세척수로부터 미세입자를 분리해 내기 위해서는 응집제를 첨가해 주어야 하는 경우도 있다.
> - 복합오염물질(예 유기물질을 포함한 중금속)의 경우 적용하고자 하는 세척제를 선별·제조하기 어렵다.
> - 휴믹질이 고농도로 존재할 경우 전처리가 필요하다.

③ **장단점**

장점
㉠ 생물학적 분해가 어려운 유해화학물질이나 중금속을 빠른 시간 안에 처리할 수 있다. ㉡ 세척제의 종류에 따라 광범위한 유기 및 무기오염물질을 제거할 수 있다. ㉢ 처리대상 오염토양의 부피를 줄일 수 있다. ㉣ 오염이 덜한 굵은 토양은 선별 후 원래의 부지에 재활용될 수 있다. ㉤ 타 공정과 복합적으로 사용할 경우 그 활용도가 더 높아질 수 있다.

단점
㉠ 방사성 물질 및 화약류의 오염의 정화에 적용이 어렵다. ㉡ 중금속 제거의 경우 pH의 변화에 영향이 크다. ㉢ 오염물질이 복합적으로 존재할 경우 적정한 세척제의 선정 및 제조가 용이하지 않다. ㉣ 토양 유기물함량이 높을수록 토양세척효율이 적어진다. ㉤ 처리 후 세액액의 후처리가 필요하다. ㉥ 타 공정에 비해 경제성이 낮다.

(3) 토양세정법(soil flushing) – [in-situ]

① 원리

오염된 토양층에 관정을 통하여 세정제를 토양 공극내에 주입함으로써 토양에 흡착된 오염물질을 탈착시켜 통과시킨 후, 통과한 세정액을 지상으로 추출하여 처리하는 기술입니다. 양수된 물은 지상에서 수처리하여 방류합니다. 세정액은 알콜, 착염물질, 산, 염기, 계면활성제 등을 사용합니다.

② 특징

㉠ 중금속의 처리에 효과가 좋다.
㉡ 고려대상 인자가 많다. (유기물 함량, 점토함량, 분배계수, 완충능력, CEC, 용해도)
㉢ 처리대상부지에 상황을 고려하여 알맞은 계면활성제를 선택하여 사용한다.
   ⓐ **양이온 계면활성제** : 음이온을 띠는 입자와 결합 시 토양내에 공극을 폐쇄하여 세척효율을 감소시킴, 일반적으로 미생물에 독성이 있음
   ⓑ **음이온 계면활성제** : 무독성, 오염물질의 표면장력을 낮추어 분리시키고 오염물질과 마이셀을 형성하여 물에 용해시킴
   ⓒ **비이온 계면활성제** : 친수성 부분이 전하를 띠지 않음, 표면 자체가 전기적 성질을 변화시키지 않음
   ⓓ **양성 계면활성제** : 분자의 계면활성 부분이 양전하와 음전하를 동시에 띠고 있음, 토양 입자체의 전기적 성질을 바꿀 수 있음, pH에 영향을 많이 받음

③ 장단점

장점	단점
㉠ 중금속, 고농도의 휘발성 유기화합물질, 준휘발성 유기화합물질, 연료유, 살충제 등 다양한 오염물질에 적용가능하다. ㉡ 양수처리방법의 단점을 보완하고 제거효율을 높일 수 있다. ㉢ 세정액이 미생물의 활성도를 증가시켜 부가적인 생분해효과를 얻을 수 있다.	㉠ 투수성이 낮은 토양의 경우 적용이 어렵다. ㉡ 살충제, VOCs, 준 VOCs 등을 처리할 때 경제성이 떨어진다. ㉢ 세정용액에 의한 2차오염의 우려가 있다. (토양의 물리·화학적 특성 변화) ㉣ 방사성 물질 및 화약류에 적용이 어렵다. ㉤ 계면활성제를 처리할 때 계면활성제가 토양에 부착되어 토양의 공극을 감소시키는 경우가 있다. ㉥ 타 공정에 비해 경제성이 낮다. ㉦ 처리 후 세정액의 후처리가 필요하다.

(4) 안정화 및 고형화처리기술(Stabilization/Solidification technology) - [in-situ/ex-situ]

① 원리

오염토양을 안정화/고형화제를 투입하여 고형물질을 형성함으로써 오염물질의 이동을 방지하는 방법입니다. 고형화제로는 시멘트, 석회, Petrifix, 비산재, 규산, 점토, 제올라이트, 아스팔트, 폴리에스테르 등이 주로 사용되며 유리를 이용하여 유리화를 하는 방법도 고형화처리에 해당됩니다.

㉠ **무기접합제** : 시멘트, 석회, 비산재, 소각재, 규산, 점토, 지올라이트
㉡ **유기접합제** : 아스팔트, 폴리에틸렌, 에폭시, 우레아, 폴리에스테르

② 특징

㉠ 유해성 중금속으로 오염된 토양을 정화하는데 가장 많이 이용된다.
㉡ 폐기물의 유해성분의 이동을 억제하는데에도 이용된다.
㉢ 토양의 입경, 수분함량, 중금속 농도, 황 함유량, 강도, 물리적 특성 등에 영향을 받는다.

③ 장단점

장점	단점
㉠ 다른 처리방법과 결합하여 사용이 가능하다. ㉡ 방사능오염물질, 유기오염물질, 중금속 처리에 적용이 가능하다.	㉠ 오염물질이 분포하고 있는 깊이에 따라 정 장치를 설치해야 한다. ㉡ 지상공정보다 시약의 주입과 효과적인 혼합이 어렵다. ㉢ 휘발성 유기오염물질과 유류 및 화약류의 정화가 어렵다. ㉣ 처리효율을 확인하기가 어렵다. ㉤ 부지가 멀리 떨어진 경우에는 경제성이 떨어진다. ㉥ 부피가 증가한다.

(5) 용제추출법(Solvent Extraction) - [ex-situ]

① 원리

오염토양을 굴착하여 추출기로 이동시킨 후 추출기 내에서 용제와 혼합시켜 용해시킨 후 분리기에서 분리하여 처리하는 방법으로 전체적인 오염토양의 부피를 감소시키는 방법입니다.

> 💡 **장치 구성**
> 토양 선별 - 추출물질과 혼합 - 액상과 고상의 분리 - 정화된 토양의 처리 - 물정화 및 슬러지 처리

② 특징 : 비할로겐, 할로겐 VOCs, 유류의 정화가 가능합니다.

③ 장단점

장점	단점
PAHs, PCB와 같은 난분해성 물질을 단기간에 정화하는데 매우 효과적이다.	㉠ 수분함량이 높거나 유화제가 오염토양에 존재할 경우 처리가 어렵다. ㉡ 중금속, 방사성물질, 화약류의 정화가 어렵다. ㉢ 추출용매가 토양에 잔류하여 2차 오염을 유발할 수 있다.

(6) 화학적 산화/환원법 - [in-situ]

① 원리

산화제/환원제를 오염물질에 접촉시켜 무독성 또는 저독성으로 전환하여 처리하는 방법입니다. 산화제로는 오존, 과산화수소, 펜톤시약, 과망간산, 과황산, 차아염소산, 이산화염소가 주로 사용됩니다.

② 특징

㉠ 투수성이 높은 토양에 적합합니다.(모세관대, 포화지역)
㉡ 시안으로 오염된 토양에 적합합니다.
㉢ 토양에 그리스(grease) 성분이 적어야 적용하기 용이합니다.
㉣ 염소계 화합물질은 주로 환원으로 처리하나 산화로도 처리가 가능하긴 합니다.
㉤ 용해도와 유기탄소분배계수(K_{oc})는 반비례 관계입니다.
　ⓐ K_{oc}가 작고, 용해도가 크면 : 토양에 흡착이 어렵고, 산화제와 접촉이 쉬움
　ⓑ K_{oc}가 크고, 용해도가 작으면 : 토양에 흡착이 쉽고, 산화제와 접촉이 어려움
　ⓒ 용해도가 크면 지하수에 높은 농도로 용해되고 빠르게 주변으로 이동하여 오염도가 커지는 반면, 용해도가 작으면 이동에 제한을 받게 된다.
　ⓓ 유기탄소분배계수(K_{oc})가 높을수록 오염물질은 토양에 잔존하려는 경향이 커진다.

③ 장단점

장점	단점
㉠ 오염물질의 분해가 매우 빠름 ㉡ 펜톤 산화를 제외한 다른 산화제의 경우 부산물이 발생하지 않음 ㉢ 일부 산화제는 MTBE를 완전히 산화시킬 수 있음 ㉣ 자연정화법과 연계하여 사용할 수 있음 ㉤ 독성 및 난분해성 오염물질처리에 적합	㉠ 초기투자비용 및 운영비가 많이 소요됨 　(오염물질의 농도가 높을수록) ㉡ 휘발성/반휘발성 오염물질, 유류, 비할로겐물질등에 대해서 효과가 낮음 ㉢ 범위가 넓은 저농도오염지역에는 비경제적 ㉣ 펜톤 산화 시 폭발성 배기가스 발생 ㉤ 제거 후의 오염물질의 농도가 다시 증가할 수 있음 ㉥ 산화제의 취급 시 안전 문제 ㉦ 토양 유기물이 존재하는 경우에 효율이 저하됨 ㉧ 산화반응으로 인한 대수층의 지구화학적인 성질 변화의 우려가 있음

(7) 투과성 반응벽체(PRBs, Permeable reactive barrier) - [in-situ]

① 원리

오염지하수에 다양한 물질이 함유된 반응벽체를 설치하거나 벽체에 오염지하수를 통과시켜 여과하여 오염물을 처리하는 방법입니다. 반응벽체의 충진물질로는 영가철을 포함한 철화합물, 고로 슬래그, 석회석, 제올라이트, 활성탄이 사용되고 그 중 영가철이 주로 사용됩니다.

② 특징
- ㉠ 지하수 오염대의 수리학적 흐름을 이용하여 반응매질과 오염물질의 화학적 반응을 유도시켜 오염원을 제거가능
- ㉡ 비교적 20m 이내의 오염원에 적용이 가능
- ㉢ 반응벽체의 형태로는 연속형, 유도벽 부착형이 있고, 막힘 현상이 최소화하도록 설계하여야 함
- ㉣ 반응벽체 체류시간은 최대화하고 반응매체의 사용은 최소화할 수 있게 설계하여야 함
- ㉤ 반응물질은 유해한 화학반응이나 새로운 오염물질이 형성되지 않는 물질로 사용하여야 함
- ㉥ 처리 매체별 특징
    - ⓐ 석회 : 카드뮴, 철, 크롬 금속을 제거하는 데 효과적, 산성 지하수 중화효과
    - ⓑ 제올라이트 : 수명이 짧고 고가이며, 스트론튬, 비소, 크롬, 암모늄, 과염소산염의 제거가 가능함
    - ⓒ 활성탄 : 유기물질로 오염된 지하수의 정화에 효과적
    - ⓓ 영가철 : 2가철로 산화되면서 염소계화합물의 탈염소반응을 일으킴으로 무해한 물질로 전환하며, Al, Ba, Cu, Cr, Fe, Mn, Pb, Zn도 제거할 수 있음

        반응식 $Fe^0 \rightarrow Fe^{2+} + 2e^-$ (호기성 조건에서 Fe^{2+}로 산화되어 2개의 전자 방출)
        반응식 $R-Cl + 2e^- + H^+ \rightarrow R-H + Cl^-$ (전자수용체로서 전자를 받은 염소계화합물은 탈염소화 과정 후 염소이온 방출)

③ 장단점

장점	단점
㉠ 오염된 지하수의 흐름을 유지한 채로 그 위치에서 정화할 수 있으므로 부가적인 에너지 소비, 지표 처리시설, 매립 및 처분시설이 필요로 하지 않음 ㉡ 운영을 위한 인위적 동력이 필요하지 않음	오염원에 대한 직접 처리가 어려운 경우에만 부분적으로 사용가능

(8) 동전기법(동전기정화기법, 전기동력학적 정화기법) - [in-situ]

① 원리

이온상태의 오염물을 양극과 음극에 전기장에 의하여 이동속도를 촉진시켜 포화 오염토양을 처리하는 방법
- ㉠ **전기삼투** : 전기경사에 의한 공극수(간극수)의 이동으로 양이온들이 음극을 향해 이동할 때 공극수와 함께 이동한 현상
- ㉡ **전기영동** : 전기경사에 의한 전하를 띤 입자의 이동으로 전하를 띤 콜로이드가 이동하는 현상이다.
- ㉢ **이온이동** : 전기경사에 의한 전하를 띤 화학물질의 이동으로 양이온은 음극으로 음이온은 양극으로 이동하는 현상이다.

> 💡 **동전기 양(+)극에서 발생되는 현상**
>
> [반응식] $2H_2O - 4e^- \rightarrow O_2\uparrow + 4H^+$
>
> 💡 **동전기 음(-)극에서 발생되는 현상**
>
> [반응식] $2H_2O + e^- \rightarrow 2OH^- + H_2$

② 특징
  ㉠ 이온성물질에 잘 적용된다. (음이온, 양이온, 중금속)
  ㉡ 영향인자
    ⓐ 오염토양 특성 : 토성 및 구조, 공극수의 전기전도도, 수분함량, CEC, 염도, 유기물 함량, pH
    ⓑ 오염물질 특성 : 오염물질의 종류 및 농도, 전하

③ 장단점

장점	단점
㉠ 투수계수가 낮은 토양에서도 높은 처리효율을 낼 수 있다. ㉡ 중금속이온, 용존하고 있는 유기물질, BTEX, TCE, 페놀을 효과적으로 제거 ㉢ 여러 가지 종류로 혼합된 오염물질을 동시에 제거할 수 있다. ㉣ 여러 종류의 토양층으로 구성된 이질성이 큰 토양에서도 제거가 가능하다. ㉤ 미세토에 효과적이다.	㉠ 소요전기량이 많아 운영비가 높다. ㉡ 산화/환원 반응에 의해 불필요한 부산물이 생성될 수 있다. ㉢ 수분함량이 10% 미만인 경우 오염물질의 정화효율이 급격하게 감소된다. ㉣ 효과적인 제거를 위해서 토양의 산성화가 필요하고, 처리 후에 중화처리가 필요하다. ㉤ 침전물로 인해 효율이 감소될 수 있다. ㉥ 전기저항이 높아지면 온도가 증가하여 제거 효율이 감소될 수 있다.

[출처 : 토양환경센터]

(9) 파쇄공법(Fracturing)

① 원리

지반 내에 물 또는 공기를 고압으로 분사하여 기존의 간극을 확장시키거나 새로운 파쇄간극을 생성시켜줌으로써 토양의 투과성을 향상시켜 오염물질의 추출 및 처리를 용이하게 하는 토양오염 복원기술입니다.

② 종류
  ㉠ **수압파쇄기술(Hydraulic Fracturing)** : 고압수 또는 슬러리를 주입
  ㉡ **압축공기파쇄기술(Pneumatic Fracturing)**

UNIT 02 생물학적 정화기술

1 생물학적 복원기술

[생물학적 복원기술의 장단점]

장점	단점
① 자연친화적이다. ② 토양과 지하수에 모두 적용가능하다. ③ 부대 처리시설이 필요없다. ④ 비용이 상대적으로 낮다. ⑤ 오염물질이 다른 매체로 전달되지 않는다. ⑥ 처리가 영구적이다.	① 미생물 의존도가 높다. ② 난분해성 물질의 처리시간이 매우 길다. ③ 고농도 오염물질 처리에 어려움이 있다. ④ 무기물 처리에는 어려움이 있다. ⑤ 부산물로 독성물질이 발생할 수 있다.

> 💡 **오염물질의 생분해**
> - 할로겐화합물 : 할로겐 원소수가 커질수록 생분해 지속도는 증가
> - 가지를 많이 가진 물질구조 : 가지를 가진 구조의 물질일수록 생분해 지속도가 증가, 불포화탄화수소는 포화탄화수소보다 생분해 지속도가 증가
> - 용해도가 낮은 물질 : 용해도가 낮은 물질은 미생물이 이용할 수 있는 부분이 상대적으로 적어 생분해도가 낮을 수 있음

> 💡 **생물 분해 조건**
> - 적절한 온도, pH, 수분함량, 영양분
> - 생물증대(Bioaugmentation) : 특정 오염물질의 분해능을 가지고 있거나 환경적응능력이 뛰어난 미생물을 공급하여 오염물질의 생분해도를 높이고자 하는 방법
> - 생물학적 촉진(Biostimulation) : 오염토양에 영양분, 수분 및 산소 등을 공급하여 토착미생물의 활성도를 높여 오염물질을 분해하고자 하는 방법
> - 공동대사(Cometabolism) : 미생물이 특정 오염물질을 직접적으로 분해할 수 없지만 제2의 물질을 분해하는 과정 중 형성된 효소를 이용하여 분해하는 프로세스

(1) 생물학적 통풍법(Bioventing) - [in-situ]

① 원리

불포화층의 토양에 흡착되어 있는 오염물질을 미생물을 이용하여 처리하는 방법으로 미생물의 활동성을 증가시키기 위하여 주입정 또는 추출정으로 통하여 공기 또는 영양분을 주입하는 방법입니다. 이 과정에

서 휘발성유기화합물의 제거가 이루어지기도 하지만, 미생물의 활성을 증가시키는 것이 이 공정의 주된 목적입니다.

> 💡 **방식**
> - 단일 주입정 방식
> - 주입정과 추출정(주입정이 가운데 위치, 주입정 양쪽에 추출정)
> - 주입정과 추출정(추출정이 가운데 위치, 추출정 양쪽에 주입정)

② 특징
  ㉠ SVE와 다르게 휘발을 최소화하고 미생물을 이용하여 유기물을 분해하는 방법이다.
  ㉡ 석유화학물질의 처리에 효과적이다. 특히나 중간무게인 경유나 제트유의 제거에 효과적이다.
  ㉢ 오염물질의 농도가 너무 높은 경우에 미생물에게 독성을 유발하고, 너무 낮은 경우 미생물의 성장속도가 매우 느리게 된다.
  ㉣ SVE에 비해 공기의 흐름을 약 10배 정도 낮게 유지한다.
  ㉤ 불포화지역에 한해서 적용이 가능하다.

③ 고려사항
  ㉠ **토양가스** : 토양 내 산소농도는 낮고 이산화탄소 농도는 높아야 한다.
  ㉡ **토양의 공기투과성(투수성 및 통기성)** : 토양의 종류는 모래, 실트일수록 좋다. 공기투과성에 따라 우물의 수나 공기송풍기의 크기가 결정된다.
  ㉢ **생물학적 분해성** : 일반적으로 토양미생물은 적절한 산소나 온도, 영양소 조건만 갖추어지면 분자량에 관계없이 석유화학물질은 분해가 가능하다. 영양소가 부족한 경우 질소나 인을 주입하여야 한다. (적정 영양소 범위 → 탄소 : 질소 : 인 = 100 : 10 : 1(또는 0.5))
  ㉣ **휘발성** : 1mmHg 이하의 낮은 증기압 물질은 휘발로 제거되지 않으며 미생물 분해에 의해서만 제거된다. 반면 760mmHg 이상의 높은 증기압 물질은 분해되기 전에 휘발되어 버린다.
  ㉤ **토양수분함량(함수율)** : 토양의 수분은 공극을 막아 공기의 흐름을 감소시킴으로써 공기전달을 감소시킨다. 지하수위도 수분함량에 영향을 주는데, 지하수위가 약 3m 이하인 지역에서는 증기추출에 의해 지하수가 상승할 수 있고, 상승된 지하수가 우물의 스크린을 폐쇄하거나 추출하는 오염물질의 흐름을 막을 수 있다. (주입정의 경우에는 해당없음) → 적정 수분량(%) : 40 ~ 85%
  ㉥ **지층구조나 성층** : 지층구조나 성층에 따라 공기의 이동방향이 달라진다.
  ㉦ **pH** : 미생물의 생존이 용이한 pH는 6~8 정도이다. 정상범위가 아닌 경우 공정 시행전에 pH를 조절해주어야 한다.
  ㉧ **토착미생물 개체수** : 토착미생물 개체수가 충분한지 확인하여야 한다.
    → 미생물의 양 : 1,000 CFU/g − 건조토양 이상
  ㉨ **오염물질 특성** : 화학구조, 농도, 독성, 증기압, 비등점, 구성, 헨리상수 등 오염물질의 특성을 고려한다.
  ㉩ **온도** : 10~45℃
  ㉪ **탄소 : 질소 : 인 = 100 : 10 : 1**

④ 장단점

장점	단점
㉠ 유류, 할로겐, 비할로겐 VOCs의 처리용이 ㉡ 휘발성이 낮은 유기물질도 처리가능 ㉢ 다른 정화기술과의 조합이 가능함(공기공급법, 양수처리방법 등) ㉣ 소요 장비의 조달이 용이하며 설치가 간단함 ㉤ 정화비용이 비교적 저렴	㉠ 중금속, 무기물질, 방사성물질의 분해가 전혀 이루어지지 않음 ㉡ 오염물질의 농도가 적당해야만 적용이 용이(높거나 낮으면 처리 어려움) ㉢ 처리효율을 고효율로 운전하기 어려움(매우 낮은 농도까지 처리 어려움) ㉣ 투수성이 낮거나 점토질의 함량이 높은 경우 적용이 제한됨 ㉤ 경우에 따라 배출가스 처리를 위한 비용이 추가됨

⑤ 적용성 실험 항목

㉠ 실험실 미생물 생분해 실험 : 오염물질의 생분해 정도 및 무기성 영양염류의 공급여부를 평가하기 위해 수행한다. 실험에는 슬러리실험법과 컬럼실험법이 있다.

㉡ 미생물 호흡률 측정실험(현장 호흡률 실험) : 미생물을 통한 토양 내 오염물질의 분해속도를 계산하기 위해 수행한다.

식 산소소모율(%/day) = $\dfrac{Q}{\forall} \times (초기\ O_2(\%) - 배기가스\ 중\ O_2(\%))$

- Q : 주입공기유량
- $\forall$: 토양공극의 부피

㉢ 추출/주입 관정실험(영향반경 실험) : 추출 또는 주입 시 공기흐름이 가능한 최대거리를 산정하기 위해 수행한다.

[출처 : 환경부/한국환경산업기술원]

(2) 공기공급법(에어스파징) – [in-situ]

① 원리

포화층(지하수)에 공기를 공급함으로써 오염물질을 휘발시키고, 휘발된 가스 및 공기방울은 증기추출배관으로 오염물질을 이동시킨다. 이 과정을 통해 지하수 및 불포화토양을 복원하는 공정이다.

② 특징

㉠ 오염물질의 물리적 제거 및 생물학적 제거까지 도모한다.
㉡ 공기주입과 추출과정에서 오염물질과 지하수가 확산된다.
㉢ 공기 주입에 따른 지하수위의 상승현상이 일어난다.
㉣ 투수계수 10^{-3}cm/sec 이상에 적용가능하다.

③ 영향인자

㉠ 통기성

ⓒ 지하수의 유량
ⓒ DNAPL의 존재여부
ⓔ 오염물질의 분포 깊이
ⓜ 오염물질의 휘발성과 용해성

④ 장단점

장점	단점
ⓐ 비용-경제적이다. ⓑ VOC제거에 탁월하다.	ⓐ 투과성이 좋은 토양에만 적용가능하다. ⓑ 포화지역에서의 공기의 흐름은 일정하지 않을 수 있다. ⓒ 오염물질의 확산이 증가할 수 있고 이로 인해 2차오염을 유발할 수 있다. ⓓ 중금속 및 휘발성이 낮은 물질의 처리가 어렵다.

(3) 바이오스파징 – [in-situ]

① 원리

포화층(지하수)에 있는 미생물을 이용하여 복원하는 방법으로 포화층으로 공기 또는 영양분을 공급하여 미생물의 활성을 증가시켜 오염물질을 제거하는 방법이다. 일반적으로 바이오벤팅이나 SVE와 연계하여 적용한다.

② 특징

ⓐ 공기공급법에 비해 휘발을 최대한 억제하고 미생물의 활성을 증가시키는 쪽으로 운전한다.
ⓑ 오염물질의 확산이 증가할 수 있고 이로 인해 2차오염을 유발할 수 있다.
ⓒ 투수계수 10^{-3}cm/sec 이하에 적용가능
ⓓ 지하수 내 Ferrous iron(Fe^{2+})은 바이오스파징 중 산소와 접촉하게 되면 Ferric iron(Fe^{3+})으로 산화되면서 불용형태로 존재하여 토양 투수도를 감소시킬 수 있다. 일반적으로 Ferrous iron(Fe^{2+}) 10mg/L 이상의 조건에서는 바이오스파징이 적합하지 않다.

③ 장단점

장점	단점
ⓐ 설치 및 운전이 용이 ⓑ 시설이 비교적 간단함 ⓒ 처리기간이 비교적 짧음 ⓓ 비용이 저렴 ⓔ 광범위한 유류오염물에 적용가능 ⓕ 지하수의 2차처리 불필요 ⓖ 오염가스의 2차처리 불필요	ⓐ 투과성이 좋은 토양에만 적용가능 ⓑ 복잡한 물리화학적 및 생물학적 상호반응에 대한 이해 부족 ⓒ 현장 및 실험실 자료 불충분 ⓓ 무기물 처리에는 어려움이 있음 ⓔ 오염성분들의 이동을 촉진할 가능성이 있음

(4) 바이오슬러핑 - [in-situ]

① 원리

생물학적 통풍법과 토양증기추출법을 적용하여 지하수면에 존재하는 LNAPL를 회수하면서 공기를 주입하는 방법입니다. 생물학적 통풍법과 토양증기추출법, 유류회수의 세가지기술의 조합이라 할 수 있습니다.

② 특징

㉠ 하나의 추출정에 2개의 관을 설치하여 LNAPL과 지하수 및 토양증기를 분리하여 기존의 회수시스템의 낮은 회수효율을 보완하였다.
㉡ LNAPL 추출 후에 바이오벤팅공법으로 전환하기 용이하다.
㉢ 물과 증기를 동시에 추출하는 단일펌프와 물과 증기를 따로 추출하는 이중펌프시스템으로 구분된다.

③ 장단점

장점	단점
㉠ 포화 영역과 불포화 영역의 오염을 동시에 복원	㉠ 투과성이 좋은 토양에만 적용가능
㉡ 회수된 유류에 대한 지하수의 비율이 상대적으로 낮음	㉡ 온도가 낮은 경우 처리속도가 느림
㉢ 유류 및 BTEX에 잘 적용됨	㉢ 토양의 수분함량이 적은 경우 비효율적임
㉣ 지하수면이 깊은 지역에도 적용가능	㉣ 회수된 LNAPL의 2차처리 필요 (추출된 지하수는 처리필요없음)
㉤ 수리제어를 통해 오염운의 이동의 억제가능	㉤ 중금속 및 무기물처리 어려움

(5) 토양경작법(land farming) - [ex-situ]

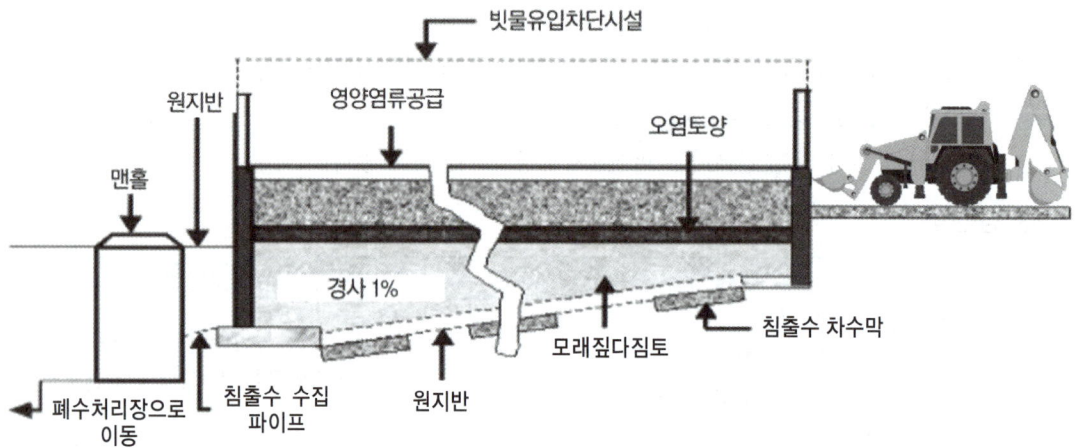

① 원리

오염토양을 굴착 후 넓게 펴서 공기를 공급하거나 영양분 및 수분을 조절하여 미생물의 활성을 증가시켜 오염물질을 처리하는 방법이다.

② 특징
　㉠ 분자가 무거울수록 분해율이 더 낮아진다.
　㉡ 지중처리기술에 비해 처리기간을 단축할 수 있다.

③ 적용성 평가
　㉠ 미생물군집농도 : 1,000 CFU/g 이상 건조토양
　㉡ 토양 pH : 6~8
　㉢ 수분함량 : 토양의 수분보유능의 약 40~85%
　㉣ 토양온도 : 10~45℃
　㉤ 영양염류 농도 : 탄소 : 질소 : 인 = 100 : 10 : 1(또는 0.5)이고 칼륨의 첨가가 필요한 경우에는 인의 절반 정도의 양을 추가할 수 있다.
　㉥ 오염물질 특성 : 휘발성, 화학구조, 농도, 독성
　㉦ 기후조건 : 대기온도, 강우, 풍속

④ 장단점

장점	단점
㉠ 설계와 작업이 용이 ㉡ 처리기간이 비교적 짧음(다른 생물학적 처리에 비해) ㉢ 거의 모든 종류의 유류 및 살충제에 적용가능 ㉣ 비용이 저렴 ㉤ 느린 생분해율을 가진 유기오염물에 적합	㉠ 95% 이상의 효율달성 어려움 ㉡ 아주 높은 농도의 처리 어려움 ㉢ 토양이 염소화 혹은 질산화되면 분해가 어려움 ㉣ 높은 중금속 농도(2,500mg/kg 이상) 처리 어려움 ㉤ 넓은 부지 면적 소요 ㉥ 휘발가스 및 먼지의 발생 ㉦ 침출수 발생의 우려 ㉧ 기후에 영향을 받음(대기온도, 강우, 풍속)

(6) 바이오파일 - [ex-situ]

① 원리

오염토양을 굴착 후 파일(더미)를 쌓은 후 배관을 파일바닥에 설치하여 공기와 영양물질을 주입하여 미생물의 활성을 극대화시켜 처리하는 방법이다.

② 특징
- ㉠ 토양경작법보다 적은 부지를 소요한다.
- ㉡ 양호한 처리를 위해서는 C/N/P를 잘 조절해주어야 한다.
- ㉢ 밀도가 낮은 물질은 휘발에 의해, 밀도가 높은 물질은 생분해에 의해 처리된다.
- ㉣ 할로겐 및 비할로겐 휘발성 유기물질을 정화하는데 효과적이다.

③ 장단점

장점	단점
㉠ 설계와 작업이 용이	㉠ 95% 이상의 효율달성 어려움
㉡ 처리기간이 비교적 짧음(다른 생물학적 처리에 비해)	㉡ 아주 높은 농도의 처리 어려움
㉢ 비용이 저렴	㉢ 높은 중금속 농도의 처리 어려움
㉣ 느린 생분해율을 가진 유기오염물에 적합	㉣ 휘발가스의 발생으로 인한 2차처리 필요
㉤ 폐쇄형 시설로 설치가능(배출가스의 처리가능)	㉤ 침출수 발생의 우려
㉥ 다양한 지역조건에 적용가능	㉥ 점토성 토양의 경우 공기주입이 어려움

(7) 퇴비화법(Composting) - [ex-situ]

① 원리

오염토양을 굴착 후 파일(더미)를 쌓은 후 인위적으로 퇴적·분해(공기 주입, 수분 공급, 양분 공급)시킨 후 미생물의 반응을 통해 최종적으로 토양개량제로 사용하는 방법이다.

> 💡 **퇴비화법의 종류**
> - Windrow composting : 삼각형의 pile을 쌓아 퇴비화 하는 방법
> - Aerated Static Pile composting : pile을 쌓은 후 기계적으로 통기시키는 방법
> - In-Vessel Composting System : Chamber 또는 Vessel에서 퇴비화하는 방법, 보통 연속식으로 운영
> - 혐기성처리 : 무산소 조건에서 혐기성미생물을 이용하여 오염물질을 분해하여 메탄을 얻고 잔여물은 퇴비화하는 방법이다.

② 특징
- ㉠ 온도조절과 통기성확보를 위한 통기개량제(팽화제)가 필요하다.
- ㉡ 수분함량(50~60%), pH(6.5~8), 산소, 온도(50~55℃), C/N비(25~30)가 적절해야 한다.
- ㉢ 유류, 할로겐, 화약류의 오염물질 정화에 적용가능하다.
- ㉣ 퇴비화 초기에는 유기산의 영향으로 pH가 7 이하로 낮아진다.

> 💡 **통기개량제(팽화제)의 종류** : 낙엽, 볏짚, 톱밥

> **💡 C/N이란?**
>
> C/N는 탄소(C)와 질소(N)의 비율을 말합니다. 보통의 퇴비화시 탄소는 볏짚으로 질소는 분뇨로써 그 비율을 맞추어 퇴비화가 진행됩니다. 탄소의 비율이 너무 높으면 분해가 잘 이루어지지 않고, 질소의 비율이 너무 높으면, 분해 시 급격한 분해가 일어나 질소가 소실되므로 좋은 퇴비가 형성되지 않습니다.

③ 장단점

장점	단점
㉠ 만들어진 퇴비는 토양개량제로 이용이 가능하다. ㉡ 퇴비화과정 중 온도상승으로 병원균사멸효과가 있다.	㉠ 비정상적인 부숙의 퇴비의 경우, 악취문제가 있다.

(8) 식물재배 정화법(phytoremediation) – [in-situ]

① **원리**

오염토양에 정화식물을 식재하여 오염물질을 정화하는 방법입니다. 대상토양마다 적합한 식물종이 다르기 때문에 토양환경을 잘 조사하여 적절한 종류를 선택해서 적용해야 합니다.

- ㉠ **식물추출(phytoextraction)** : 식물의 뿌리가 오염물질을 흡수하여 줄기, 잎, 목부 등 식물체의 조직 내로 수송하여 제거하는 방법으로 체내에 고농도로 축적시킬 수 있는 축적종을 이용합니다. 중금속이나 방사능 물질의 제거에 사용됩니다. (사용식물 : 인도겨자, 해바라기, 보리)
- ㉡ **식물안정화(phytostabilization)** : 비독성 금속의 고정이나 토양개량제의 처리 없이 식물을 재배함으로 뿌리 주변 토양의 pH 변화로 중금속의 산화도를 변경하여 독성 금속을 불활성화시키는 방법입니다. pH의 영향을 받는 중금속 및, 탄화수소로의 정화에 사용됩니다. 식물추출 및 식물분해와의 차이점은 식물체내로 오염물질이 흡수되지 않고 오염물질의 처리가 이루어진다는 점입니다. (사용식물 : 포플러나무)
- ㉢ **식물휘발화(phytovolatilization)** : 식물이 오염물을 흡수, 대사하여 기체상으로 변환하고 공기로 방출시키는 방법입니다.
- ㉣ **식물변형(phytotrasformation)** : 식물의 본체 또는 뿌리에서 오염물질을 덜 해로운 물질로 변환시키는 방법입니다.
- ㉤ **식물분해(phytodegradation)** : 식물이 오염물질을 흡수하여 그 안에서 대사에 의해 분해되거나 식물체 밖으로 분비되는 효소 등에 의하여 분해되는 과정을 말합니다. 식물체가 직접 분해에 관여합니다.
- ㉥ **근권여과(rhizofiltration)** : 식물의 뿌리주변에 축적 또는 식물체로 흡수되며 오염물질을 제거하는 방법입니다. 이 방법은 토양보다 수환경 정화를 대상으로 합니다.
- ㉦ **근권분해(rhizodegradation)** : 뿌리부근에서 미생물 군집이 식물체의 도움으로 유기 오염물질을 분해하는 과정입니다.
- ㉧ **수리적 조절(hydraulic control)** : 식물에 의하여 환경의 물을 제거함으로서 수용성 오염물질의 이동 및 확산을 차단하는 과정입니다. 지하수 및 수분이 많은 토양을 대상으로 합니다.
- ㉨ **인공습지(constructed wetlands)** : 식물을 이용하여 습지를 조성하여 소규모 생태계를 통한 자연정화를 활성화시키는 방법입니다.

② 특징

　　㉠ 유류, 할로겐, 중금속, BTEX, 영양염류, 난분해성 물질에 적용가능하다.
　　㉡ 공학기술 및 농업기술이 동원된다.
　　㉢ 식물정화공정에 활용되고 있는 식물 : 해바라기, 계피나무, 포플러, 미루나무, 버드나무
　　㉣ 정화처리 중 부지접근 및 사용금지의 안내가 필요하다.
　　㉤ 오염물 제거 깊이는 식물의 뿌리가 뻗을 수 있는 0.9~3m 범위이다.

③ 장단점

장점	단점
㉠ 경제적이다. ㉡ 자연친화적이다. ㉢ 2차 부산물이 적다. ㉣ 난분해성 유기물질 및 중금속, 준금속, 방사성물질의 분해가 가능하다.	㉠ 얕은 토양, 수변, 지하수에 한정적으로 적용가능하다. ㉡ 처리기간이 길다. ㉢ 화약류나 무기물질, 독성물질의 처리가 어렵다. ㉣ 화학적으로 강하게 흡착된 화합물은 분해되기 어렵다. ㉤ 너무 높은 농도의 오염물질에 적용이 어렵다. ㉥ 분해정도의 확인이 어렵다. ㉦ 아직 연구가 많이 필요하다.

(9) 자연저감법(natural attnuation, MNA) - [in-situ]

① 원리

오염된 토양이나 지하수가 존재하는 자연상태에서 미생물에 의해 오염물질의 자체적인 분산, 희석, 흡착, 휘발 및 생분해를 통해 오염물이 감소하는 현상을 말합니다. 자연저감법의 적용은 반드시 자연정화를 통해 처리대상 부지의 오염물질 농도가 법적 요구조건을 만족시킬 수 있는 경우에만 적용이 가능합니다. 그렇기에 세부적이고 정기적인 모니터링이 필수적입니다.

> 💡 **제거기전(메커니즘)**
> - 분산
> - 희석
> - 흡착
> - 휘발
> - 생분해

② 특징

　　㉠ 공법 시행 전과 후의 주기적인 모니터링
　　㉡ 호기성 미생물(물과 이산화탄소로 분해) 및 혐기성 미생물(메탄 형성, 황산, 질산 환원)에 의해서도 오염물질이 제거된다.

> 💡 **미생물의 전자수용체 우선사용순위** : 산소 > 질산성질소 > 망간산화물 > 황산이온

　　㉢ 유류 및 할로겐물질, 살충제, 염소계 유기용매, BTEX에 적용가능

③ 적용시 효율에 영향을 미치는 인자(영향인자)
- ㉠ 지하수의 동수구배
- ㉡ 토양입경의 분포
- ㉢ 수리전도도
- ㉣ 오염물질 농도
- ㉤ 온도
- ㉥ 수분 함량
- ㉦ 영양분
- ㉧ 통기성(또는 산소농도)
- ㉨ 전자수용체

④ 모니터링
- ㉠ 생분해시 물질의 변화
    - ⓐ 오염물질 : 감소
    - ⓑ 용존산소 : 감소
    - ⓒ 질산성질소(질산염) : 감소
    - ⓓ 망간 : 증가
    - ⓔ 철 : 증가
    - ⓕ 황산이온(황산염) : 감소
    - ⓖ 메탄 : 증가
    - ⓗ 염소이온 : 증가
    - ⓘ 산화환원전위 : 감소
    - ⓙ 알칼리도 : 증가
- ㉡ 화학분석자료
    - ⓐ 전자공여체 및 전자수용체의 감소
    - ⓑ 생분해 반응 부산물의 농도 증가
    - ⓒ 오염물질의 농도 감소
    - ⓓ 2차 화합물의 농도 증가

⑤ 장단점

장점	단점
㉠ 경제적이다. ㉡ 다양한 오염물질에 적용가능하다. ㉢ 복원 후 발생되는 폐기물량이 적다. ㉣ 오염물의 지상구조물의 침투가 적다. ㉤ 오염지역 전체 또는 일부지역에 적용할 수 있다. ㉥ 다른 기술과 병행하여 사용할 수 있다.	㉠ 무기물질, 방사성물질, 화약류의 적용이 어렵다. ㉡ 복원에 시간이 오래 걸린다. ㉢ 특성조사가 복잡하여 조사비용 및 시간이 많이 든다. (조사비용에 한함, 복원비용은 저렴) ㉣ 오염물의 이동이 지속되며 수리학적·지질학적 상태가 변하여 복원에 영향을 줄 수 있다. ㉤ 장기적인 모니터링이 필요하다.

UNIT 03 열적 정화기술

1 열탈착법 – [ex-situ]

(1) 원리

오염된 토양층을 굴착한 후 통제된 환경에서 토양을 가열하여 토양에 흡착된 오염물질을 휘발 및 탈착시키는 지상처리기술입니다. 오염물질에 따라 저온 열탈착(90~350℃)과 중·고온 열탈착(350~800℃)으로 구분됩니다.

> **장치구성**
>
> 선별기 – 분쇄기(파쇄기) – 열탈착기(열 건조기) – 2차 처리장치(후연소장치, 촉매산화탑, 흡수탑(스크러버), 원심력집진장치, 여과집진장치(백 필터), 열산화기) – 열 교환기(응축기)

① **저온 열탈착(LTTD)** : 운전온도범위는 90~350℃로, 주로 경유계열의 유류오염정화에 효과적이다. 제거효율은 95% 이상이며, 처리 후에도 토양의 물리적인 특성 및 유기물을 유지할 수 있기 때문에 생물학적 활성의 유지가 가능하다.
 • 제거대상 오염물질 : 비할로겐 VOC, 경유, 등유, 제트유, SVOCs(준 휘발성유기화합물)

② **고온 열탈착(HTTD)** : 운전온도범위는 350~800℃로, 주로 중유의 유류오염정화에 효과적이다.
 • 제거대상 오염물질 : SVOCs(준 휘발성유기화합물), 중유, PAHs, PCB, 살충제

③ **열탈착기의 종류**
 ㉠ 로터리 킬른 : 원통형의 킬른을 15° 경사지게 하여 회전시키면서 열을 가하는 방식으로 가장 많이 이용되는 방식이다. (탄소강방식 : 150~300℃, 합금방식 : 300~600℃)
 ㉡ 열 스크류 : 회전하는 스크류로 토양을 이송하며 가열하는 장치로, 장치크기에 비해 열전달 표면적이 넓고, 열전달효율이 높다. 열 스크류 공정은 고형물의 온도가 최대 허용가능한 열전달 유체의 온도에 의해 제한된다. 100~200℃로 운전된다.
 ㉢ 유동상 : 오염토양에 고온의 공기를 주입하여 토양을 공기로 장치내에서 혼합시키면서 가열하는 장치이다.
 ㉣ 컨베이어 퍼니스(컨베이어로방식) : 가열된 컨베이어에 오염토양을 통과시키는 방법으로 300~400℃로 운전된다.
 ㉤ 아스팔트 플랜트 어그리게이트 드라이어 : 150~300℃로 운전된다.
 ㉥ 마이크로파 탈착장치 : 마이크로파를 이용하여 오염토양을 가열한다.

(2) 특징

① 휘발유, 항공유, 중유, 경유, 난방유, 윤활유, 할로겐, 비할로겐, VOC의 처리에 적용된다.
② 가스상 물질의 제거를 위한 2차처리장치가 필요하다. (후처리)

③ 자갈을 선별하기 위한 선별장치가 필요하다. (전처리)
④ 열탈착 전 분쇄 및 파쇄과정을 거치게 된다. (전처리)
⑤ 유기염소 및 유기인 살충제의 제거가 가능하다.
⑥ 탈착속도는 유기물질의 화학적 구성에 큰 영향을 받으며 대개 분자량이 클수록 느리다.
(분자량이 클수록, 휘발성이 작을수록 탈착속도는 느려짐)

(3) 영향인자

① **토양의 성상**
  ⊙ **토양가소성** : 가소성이 높은 토양은 스크린 및 장비에 엉겨 붙어 운영에 지장을 초래할 수 있다.
  ⊙ **입도분포** : 사전처리공정과 열탈착기의 종류의 선정을 위한 인자이다. 입경이 너무 크면 분쇄가 필요하고 입경이 작으면 건조 시 많은 먼지발생 문제가 있다.
  ⊙ **수분함량** : 최적의 수분함량은 15~25% 범위이며, 수분함량 20% 이상의 토양은 건조 및 탈수 후 처리하여야 한다.
  ⊙ **유기물의 농도** : 휴믹물질은 특정 유기물질을 흡착하여 저온열탈착법 적용 시 탈착을 어렵게 한다.
  ⊙ **금속농도** : 토양 내 납성분의 존재는 고형폐기물 처리의 제한과 대기로의 방출문제가 있으므로 처리 전 반드시 분석하여야 한다.
  ⊙ **열용량** : 1,100kcal/kg보다 높은 열량을 가진 토양은 처리 전 일반토양과 섞어 처리하여야 한다.
  ⊙ **겉보기 밀도** : 오염토양의 무게를 추정하는데 사용된다.

② **오염물질의 성상**
  ⊙ **농도** : 오염물질의 농도에 따라 토양 처리온도 및 체류시간이 설정된다. 또한 초기농도가 폭발하한계의 25% 이하로 제한하여 폭발하지 않도록 하여야 한다. 일반적으로 처리가능한 TPH 농도는 1%이며, 3% 초과 시 농도가 낮은 토양과 혼합하거나, 낮은 산소조건하에 열스크류 탈착장치를 이용하여야 한다.
  ⊙ **끓는점** : 끓는점에 따라 체류시간 및 온도가 설정된다.
  ⊙ **증기압** : 휘발성을 측정하는데 사용한다.
  ⊙ **흡착특성(옥탄올·물분배계수)** : 유기화합물질이 토양 내 흡착되는 정도를 나타내는 지표이다.
  ⊙ **수용성** : 분자질량이 높을수록 수용성은 낮아지므로, 수용성을 통해 분자질량을 판단하고 분자질량에 비례하여 체류시간과 에너지량을 결정한다. 즉, 분자질량(분자량)이 클수록 탈착속도는 느려지고, 소모되는 에너지는 많아진다.
  ⊙ **다이옥신 생성가능성** : 염소계 화합물을 저온열탈착법으로 처리 시 생성될 수 있다. 폐유에는 염화탄화수소를 포함할 수 있어 특히나 폐유 오염 시 PCB, 염화탄화수소 및 염소계 화합물의 분석을 수행하여야 한다.

③ **공정운영 조건** : 탈착장비의 종류, 배출가스 처리, 처리온도, 체류시간

④ **오염물질 특성에 따른 탈착속도**
  ⊙ 분자(분자량)가 클수록 탈착속도가 느려진다. (반비례)

ⓛ 오염경과기간이 길어질수록 탈착속도는 느려진다. (반비례)
ⓒ 휘발성이 낮을수록 탈착속도는 느려진다. (비례)
ⓔ 토양층이 깊을수록 탈착속도는 느려진다. (반비례)

(4) 장단점

장점	단점
㉠ 장비의 조달이 쉬움 ⓛ 빠른 처리기간 ⓒ 높은 제거효율 ⓔ 유류처리에 탁월한 효율 ⓜ 고농도의 오염물질도 처리가 용이 ⓗ 토양의 형태나 오염물질의 종류에 관계없이 처리효율 양호 ⓢ 처리할 토양부피가 클수록 경제성 좋음 ⓞ 다른 공법과 쉽게 병행 적용 가능 ⓩ On site 및 Off site에 적용이 가능	㉠ 카드뮴이나 수은을 제외한 중금속처리에는 불가능함 ⓛ 무기물질 및 방사성 물질의 처리가 어려움 ⓒ 경제성이 낮은 편임 ⓔ 점토 및 휴믹산 등을 높게 함유한 토양의 경우 반응시간이 길어지고 처리비용이 증가함 ⓜ 넓은 소요 부지 면적 필요 ⓗ 수분이 많은 토양에 부적합 ⓢ 지하수위 밑에서 굴착된 토양의 경우 탈수과정 필요

(5) 계산식

① 1차 반응식(CSTR)

$$\frac{C_o}{C_i} = \frac{1}{1+kt}$$

❷ 원위치 열처리기술 - [in-situ]

(1) 원리

토양층에 주입정을 설치하여 고온 또는 중온의 공기나 스팀을 주입하여 오염물질을 휘발시켜 제거하는 방법입니다.

(2) 특징

① 생물학적 통풍법이나 토양증기추출법에서 처리가 어려웠던 저농도물질 제거의 단점을 해결해준다.
② 정화시간이 상당히 단축된다.

(3) 장단점

장점	단점
㉠ 저휘발성 물질의 휘발성을 촉진시켜 정화기간을 단축할 수 있다. ㉡ 점토질과 같은 저투수층에 존재하는 오염물의 이동성과 공기접촉 기회의 증가를 통해 정화효과를 촉진한다. ㉢ 고온주입에 의한 미생물활성도 증가로 생분해 효과를 증대시킨다.	㉠ 순간 유지관리비가 많이 소요된다. ㉡ 생분해를 위한 수분공급이 필요하다. ㉢ 폭발의 우려가 있다.

❸ 소각법 - [ex-situ]

(1) 원리
토양을 굴착 후 산소가 공급되는 조건에서 850℃ 이상의 고온으로 처리하여 유기물질을 소각하여 처리하는 기술입니다.

(2) 특징
① 토양의 미생물과 유기물질이 모두 분해된다.
② 열탈착법과 매우 유사하다.

(3) 장단점

장점	단점
㉠ 제거효율이 99% 이상으로 높다. ㉡ 난분해성 물질 및 대부분의 유기오염의 처리가 가능하다.	㉠ 처리비용이 타 기술에 비해 높다. ㉡ 중금속을 처리 시 소각재의 중금속이 포함된다. ㉢ 무기물질 및 방사성 물질의 처리는 어렵다. ㉣ 토양의 미생물까지 분해되기 때문에 토양의 생물학적 기능을 상실하게 된다. ㉤ 유해가스를 처리해야한다.

❹ 열분해법 - [ex-situ]

(1) 원리
토양을 굴착 후 산소가 없는 혐기성 조건에서 고온으로 처리하여 유기물질을 분해하여 처리하는 기술입니다.

(2) 특징

① 토양의 미생물과 유기물질이 모두 분해된다.
② 환원성 분위기에서 정화가 이루어진다.
③ 분해된 유기물질은 가스 및 액체, 고체연료로 전환된다.
④ 할로겐 및 비할로겐 물질, 유류, VOCs의 정화에 적용된다.

(3) 장단점

장점	단점
㉠ 오염물질을 단기간에 처리할 수 있다. ㉡ 소각법에 비해 유해가스 처리문제가 현저히 적다. ㉢ 부산물로 연료를 얻을 수 있다.	㉠ 무기물질, 방사성물질, 화약류의 정화에 효과적이지 못하다. ㉡ 보조연료의 사용이 필수적이다. ㉢ 토양의 미생물까지 분해되기 때문에 토양으로서의 기능을 상실하게 된다.

UNIT 04 기타 정화기술

1 폐광산 토양복구기술

(1) 오염원 격리공법

① **복토법** : 오염물질이 강우 또는 하천수와 반응하여 지표 및 지하수를 오염시키는 것을 방지하기 위해 상부에는 불투수층 물질로 덮고 하부에 수로를 만들어 오염수를 모아 처리하는 방법이다.
② **수직 차단벽법** : 오염물질이 지하수로 이동되어 수평으로 이동되는 것을 방지하기 위해 수직벽체를 설치하여 오염지하수의 유동을 최소화하고 외부 지하수의 유입을 제한하는 방법이다.
③ **수평벽법** : 오염물질을 퍼내지 않고 수평의 벽을 만들어 오염물질의 하부 이동을 저감시키는 기술로써 수직보링법과 수평드릴링법 등이 있다.

(2) 오염토양 정화기술

① **토양개량법** : 주로 농경지 토양에 적용하며 오염물질 농도 저감 등을 통해 작물재배에 알맞게 토양을 개량하는 방법이다.
   ㉠ 복토법 : 오염된 토양 위에 신선한 토양을 깔아 덮는 방법

ⓒ 혼합법 : 오염된 토양과 비오염된 토양을 섞는 방법
ⓒ 중화법 : pH가 상이한 재료를 섞어 중화하여 중금속의 유동성을 낮추는 방법
② 고형화/안정화방법 : "물리화학적 정화방법"에서 설명
③ 식물재배정화법 : "생물학적 정화방법"에서 설명
④ 토양경작법 : "생물학적 정화방법"에서 설명
⑤ 토양세정법 : "물리화학적 정화방법"에서 설명
⑥ 토양세척법 : "물리화학적 정화방법"에서 설명
⑦ 동전기법 : "물리화학적 정화방법"에서 설명
⑧ 생물학적 분해법 : "생물학적 정화방법"에서 설명

(3) 광산배수 처리기술
① Limestone Drains(석회배수) : 석회석의 중화특성을 이용하여 산성광산배수(AMD)를 알칼리수로 변화시키는 방법
② 인공소택지법 : 물이 고여있는 소택지의 자연정화특성을 극대화한 방법
  ㉠ 호기성소택지 : 산화작용을 증대시킬 목적으로 산성광산배수(AMD)를 산화, 수화, 침전작용을 통해 정화하는 방법
  ㉡ 혐기성소택지 : 환원반응이 발생할 수 있는 조건의 소택지에서 황환원반응을 유도하여 알칼리도를 발생시켜 금속원소를 황화물 형태로 침전하여 정화하는 방법
③ SAPS(Successive Alkalinity Producing Systems) : 석회석층에 PVC 유공관을 수직상으로 설치하여 광산배수가 위에서 아래로 강제순환하도록 하는 방법이다. 광산배수의 산도가 높고, Fe^{3+}의 농도가 높아서 기존의 처리시스템으로 산성광산배수(AMD)의 처리가 어려울 때 적용한다.

> 💡 구성
> • 표층 : 광산배수가 존재하는 층이다.
>   – A층 : 유기물층(Organic Matter)으로 황산염환원균이 황산염을 황화물로 침전시켜 금속이 황화물로 침전하도록 유도한다.
>   – B층 : Limestone(석회)층으로 AMD의 pH를 증가시켜 중금속의 활성을 억제한다.

④ DW(Diversion Well) : 석회석을 가득 채운 웅덩이에 산성광산배수(AMD)를 2~2.5m 높이에서 떨어뜨려 석회층을 교란시킴으로써 금속수산화물에 의한 석회석 표면의 피막형성을 억제한다. 중금속의 농도가 높더라도 사용가능하나 수차에 의해 석회석이 서로 부딪혀 마모가 심하므로 석회석을 자주 보충해주어야 한다.

2 양수처리기술

(1) 원리

pump를 통해 오염된 지하수를 지표면으로 끌어올리는 방법입니다. 끌어 올린 후 활성탄처리나 공기를 공급하여 오염물질을 제거한 후 다시 지하로 넣거나 지상에 방류하여 처리합니다.

(2) 특징

① 투수성이 좋아 오염지하수의 펌핑이 용이하여야 하며, 투수성 향상을 위해 Fracturing(수압파쇄)공법 등을 사용하기도 한다.
② 끌어 올려진 지하수를 처리할 지상의 공간이 마련되어야 한다.
③ 오염물질의 용해도에 영향을 많이 받는다.

(3) 정화기간 산정

정화기간을 산정할 때는 공극체적의 수를 산출하여 정화기준에 도달하는 시간을 산정한다.

$$\text{식 } PV = -R \times \ln\left(\frac{C_c}{C_0}\right)$$

- PV : 정화기준에 도달하기 위해 반드시 채수해 내야 하는 공극체적 수
- R : 지연계수
- C_c : 정화기준
- C_0 : 지하수 내 오염물질의 초기농도

(4) 장단점

장점	단점
㉠ 비교적 비용이 적게 든다. ㉡ 투수성이 높은 곳에서 적용성이 높다.	㉠ 리바운드 현상의 우려가 있다. ㉡ 처리기간이 길어질 경우 비용상승의 요인이 된다. ㉢ 투수성이 낮은 곳에 적용하기 어렵다.

> **💡 리바운드 현상**
>
> 대상지역의 오염물질이 화학적으로 복잡하거나 수리지질학적으로 복잡성을 띠는 경우에 비록 정화목표에 도달한 경우에도 펌프가동을 중지하면 오염운이 다시 성장하는 현상
>
> - **리바운드 현상의 원인**
>   - 추출 제거되지 않는 NAPL이 다시 용출될 때
>   - 저투수성 구간 내에 잔존 해있던 오염물질이 다시 확산될 때

3 바이오필터(bio filter)

(1) 원리

충전탑 내에 미생물이 성장할 수 있는 메디아[3](media)를 충진하여 생물을 증식시킨 후 오염가스를 통과시켜 미생물을 이용하여 오염물질을 분해하는 방법입니다.

(2) 특징

① 분해산물이 물, 이산화탄소, 염이다.
② 생물상의 온도가 미생물의 활동에 의해 상승함에 따라 유입가스에 비해 유출가스 중의 수분함량이 증가하여 수분증발이 일어나 주기적인 수분공급이 필요하다.
③ 시간이 지남에 따라 충전층이 압밀되어 바이오필터를 통과하는 배가스의 압력손실[4]이 점차 커진다.
④ 오염물질 분해반응에 따라 pH가 낮아지는 현상이 발생한다.

(3) 장단점

장점	단점
㉠ 환경친화적이다. ㉡ 별도의 포집가스 처리시설이 필요없다.	㉠ 고농도의 처리가 어렵다. ㉡ 장치 안정화에 걸리는 시간이 길다. ㉢ 환경에 영향을 받는다. (온도, pH, 습도, 독성물질 등)

4 슬러리 월(Slurry wall)

(1) 원리

오염물질이 지하수로 이동되어 수평으로 이동되는 것을 방지하기 위해 수직벽체를 설치하는 방법입니다.

① 용도에 따른 슬러리 월의 설치형태
  ㉠ 경계 봉쇄구조물 : 일시적으로 오염물질의 이동성을 감소시키기 위해서 사용된다.
  ㉡ 전면 고립화 방법 : 오염지역 전체를 둘러싸는 가장 적극적인 차단방법으로 상류로부터 오염지역 내로 유입되는 비오염 지하수의 양을 거의 차단할 수 있어 침출수의 유출을 억제시킬 수 있는 가장 효과적인 방법이나 공사비가 고가이다.
  ㉢ 상류구배 배치방법 : 오염지역에서 지하수가 유입되는 면에 차단벽을 설치하는 방법으로 오염지역 상류와 하류의 수두경사가 큰 경우에 오염지역 주변의 깨끗한 유입지하수를 오염지역 외부로 우회시키기

---

[3] 메디아 : 미생물이 부착할 수 있는 상, 보통 자갈이나 목재, 성형된 다공성 플라스틱을 이용한다.
[4] 압력손실 : 유체가 이동을 방해받는 힘 또는 정도

위하여 사용된다. 전체봉합방법보다 비용이 저렴하나 흐름의 정확한 예측이 요구되며, 오염물 주위로 지하수 흐름의 부분적 우회(동수경사가 대체로 높은 지역)가 가능하다.

ⓔ 하류구배 배치방법 : 지하수 및 산성광산배수가 유출되는 하류 면에 차단벽을 설치하는 시스템으로 주로 계곡 매립지 부분에서 침출수 및 지하수가 계곡 하류 쪽으로 모일 경우에 사용된다. 설치가 제한적이기 때문에 일부 유출을 피할 수 없으나, 완전 고립화에 따른 설치비가 너무 고가일 경우 단계적 지하수 차단으로서 사용된다.

ⓜ 행잉슬러리월 : 벽을 설치하기에 저투수성의 토양층이나 기반암이 심도가 깊은 경우나, 슬러리월 외부의 지하수위가 내부에 비하여 상대적으로 높아 오염물질의 흐름이 외부로 발생하지 않을 때 슬러리월을 저투수층까지 삽입하지 않은 상태로 설치하는 방법을 말한다.

② 슬러리 월의 종류

㉠ 슬러리월 : 트렌치(도랑) 굴착 후 낮은 수리전도도를 갖는 흙이나 다른 첨가제 등을 수직 트렌치 내에 충진하여 벽체를 시공함으로써 오염물질의 거동을 방지하는 방법이다. 충진재로는 토양-벤토나이트나 시멘트-벤토나이트가 많이 사용된다.

㉡ 그라우트 커튼 : 속이 빈 튜브를 지층에 삽입한 후, 부지 주변 토양에 그라우트제를 주입, 고화시킴으로써 오염물질의 흐름을 저감시키는 방법이다. 지반종류에 따라서 다양한 그라우트재를 선정할수 있다. 유동액이 잘 통과할 수 있는 입상토에 효과적이며, 다층토나 불량암반의 경우 불균일한 그라우트 주입현상이 발생한다. 그라우트재로는 점토, 알칼리규산염, 시멘트, 유기폴리머 등을 사용하며 일반적으로 점토가 가장 많이 사용된다.

㉢ 스틸시트 파일링 : 시트파일을 지층에 박아 연속벽체를 형성하여 오염물질의 이동을 차단한다. 시트파일에 부식방지를 위해 코팅처리를 하기도 하며, 지반굴착이 필요 없다. 오염지역의 깊이가 얕거나 슬러리월의 설치가 곤란할 때 토양-벤토나이트 슬러리와 연계하여 사용한다.

㉣ 진동빔 차단벽 : 그라우트 접합 노즐이 부착된 빔이 진동파일 드라이버와 연결되어 지중을 진동시켜 구멍을 만든 후에 빔을 제거하고 그라우트 노즐을 통해 그라우트가 주입됨으로써 연속적인 차단벽을 설치하는 공법이다.

㉤ 얇은 막벽 : HDPE 등 수밀성 소재의 얇은 막을 이용하여 오염물질의 이동을 차단하는 공법이다.

(2) 사용 슬러리

① **벤토나이트(몬모릴로나이트)** : 점토광물로 매우 큰 표면적을 가지고 있으며 수화되었을 때는 매우 점성이 높아진다.

② 완전히 수화가 되려면 장소에 따라 30분에서 24시간이 걸리며 물과 벤토나이트를 탱크에서 섞는데 충분히 수화가 일어나려면 30~40분이 걸린다.

③ 벤토나이트-물 슬러리는 일반적으로 무게중량으로 2~4%의 벤토나이트가 함유되어 있다.

(3) 특징

① 일시적인 장벽으로서 지하수 정화 시 지하수로 오염물질이 유입되는 것을 막기 위한 것이고 정호로 유입되는 지하수양을 감소시켜 양수처리 기술을 사용할 때 효율을 증대시킬 수 있다.
② 점토질이나 기반암층과 같은 피압층 아래로 오염물질의 이동을 막는데 주 목적이 있다.
③ 투수계수가 높은 지역에 유용하다.

(4) 장단점

장점	단점
㉠ 시공방법이 간단하다. ㉡ 유지관리비가 적게 소요된다. ㉢ 지하수위 강하에 따른 주변지역의 영향을 줄일 수 있다.	㉠ 유해성이 큰 침출수에 노출될 경우 벤토나이트 특성이 저하된다. (강산, 강염기, 농집된 유기물 등) ㉡ 현지 지형, 지질, 부지의 형태에 따라 제약을 받는다.

5 Directional wells

(1) 원리

오염지대에 수평정호를 굴착하고 직접적인 수직시추에 의한 오염물질 접근을 어렵게 하는 기술을 말합니다.

(2) 장단점

장점	단점
㉠ 모든 범위의 오염물질에 적용 가능하다. ㉡ 양수처리나 바이오벤팅, 토양공기추출, 토양세정법, 공기공급법 등을 이용해 효과를 향상시킬 수 있다.	㉠ 정호 붕괴의 위험이 있다. ㉡ 특별한 장비가 필요하다. ㉢ 정호를 설치하기 어렵다. ㉣ 설치비가 비싸다. ㉤ 50ft 깊이까지만 가능하다.

기출문제로 다지기 — CHAPTER 07 토양 및 지하수오염 정화기술

01. 토양오염 확산방지기술 3가지를 쓰시오.

해설 ① 고형화(Solidfication)
② 안정화(Stabilization)
③ 수직차단법(Vertical Cut Off Walls)

02. 토양증기 추출법의 현장 적용을 위해 오염물의 특성을 판단하기 위한 주요 물리·화학적 인자 4가지를 쓰시오.

해설 ① 용해도 ② 헨리상수
③ 증기압 ④ 흡착계수

03. 오염토양의 생물학적 복원방법 3가지를 쓰고 간략히 설명하시오.

해설 ① **바이오벤팅(Bioventing)** : 오염토양(불포화토양층)에 인위적으로 산소 또는 수분, 영양분을 공급하여 토양 내에 존재하는 토착 미생물의 활성을 촉진시켜 생분해도를 극대화하여 오염토양을 정화하는 기법이다.
② **토양경작방법(Landfarming)** : 오염된 토양을 굴착하여(Ex-Situ) 지표면에 깔아 놓고 정기적으로 뒤집어줌으로써 공기를 공급하여 미생물과 산소의 접촉을 증가시켜 오염물질을 분해하는 호기성 생분해공정을 말한다.
③ **바이오파일(Biopile)** : 오염된 토양을 굴착한 후 일정한 파일(Pile) 안에 오염토양을 쌓은 다음 공기, 영양물질, 수분함유량을 조절하여 호기성 미생물의 활성을 극대화시켜 굴착된 토양 중의 유기성 오염물질을 처리하는 지상(Ex-Situ) 처리공법이다.

04. 토양세척공법에서 사용되는 세척장치의 종류(기능별) 3가지를 쓰시오. (예 회전형)

해설 ① 교반형
② 진동형
③ 유동상형

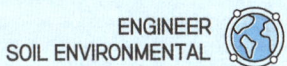

05. 동전기 정화방법의 이동기작 2가지를 쓰고 간단히 설명하시오.

해설
- 전기삼투 : 전기경사에 의한 공극수(간극수)의 이동으로 양이온들이 음극을 향해 이동할 때 공극수와 함께 이동한 현상이다.
- 전기영동 : 전기경사에 의한 전하를 띤 입자의 이동으로 전하를 띤 콜로이드가 이동하는 현상이다.
- 이온이동 : 전기경사에 의한 전하를 띤 화학물질의 이동으로 양이온은 음극으로 음이온은 양극으로 이동하는 현상이다.

06. 파쇄공법에 대하여 간단히 기술하고, 종류 2가지를 쓰시오.

해설 (1) 정의
지반파쇄 기술이라고도 하며, 지반 내에 물 또는 공기를 고압으로 분사하여 기존의 간극을 확장시키거나 새로운 파쇄간극을 생성시켜줌으로써 토양의 투과성을 향상시켜 오염물질의 추출 및 처리를 용이하게 하는 토양오염 복원기술이다.
(2) 종류
① 수압파쇄기술(Hydraulic Fracturing) 고압수 또는 슬러리를 주입
② 압축공기파쇄기술(Pneumatic Fracturing)

07. 토양세척방법의 장점 2가지를 기술하시오.

해설
① 생물학적 분해가 어려운 유해화학물질이나 중금속을 빠른 시간 안에 처리할 수 있다.
② 세척제의 종류에 따라 광범위한 유기 및 무기오염물질을 제거할 수 있다.
③ 처리대상 오염토양의 부피를 줄일 수 있다.
④ 오염이 덜한 굵은 토양은 선별 후 원래의 부지에 재활용될 수 있다.
⑤ 타 공정과 복합적으로 사용할 경우 그 활용도가 더 높아질 수 있다.

08. 수직차단벽의 종류 3가지를 쓰고 간단히 기술하시오.

해설 ① 슬러리 월(Slurry Walls) : 낮은 수리전도도를 가진 슬러리(흙 또는 기타 첨가제)를 이용하여 지중 트렌치(Trench)에 채워 오염된 지하수를 상수원 또는 비오염 지하수와 단절시키는 방법이다.
② 그라우트 커튼(Grout Curtains, Grouting) : 지중의 공극을 채울 수 있는 물질들을 저수층까지 양수(삽입)시켜 유체의 흐름속도를 감소시키는 차단벽이다.
③ 진동빔 차단벽(Vibrating Beam Cut Off Walls) : 그라우트 접합 노즐이 부착된 빔이 진동파일 드라이버와 연결되어 지중을 진동시켜 구멍을 만든 후에 빔을 제거하고 그라우트 노즐을 통해 그라우트가 주입됨으로써 연속적인 차단벽을 설치하는 공법이다.

09. 화학적 산화법 영향인자 중 유기탄소 분배계수(K_{oc})와 처리효율과의 관계를 쓰시오.

해설 K_{oc}가 높다는 의미는 K_d(흡착계수) 값이 크다는 뜻이고 K_d(흡착계수) 값이 클수록 오염물질은 토양에 잔존하려는 경향이 커지며 화학적 산화제와 쉽게 접촉하지 못하게 되므로 처리효율은 낮아진다. K_{oc}가 낮아질 경우 오염물질은 화학적 산화제와 쉽게 접촉할 수 있으므로 처리효율은 커진다.

10. Air Sparging 효율에 영향을 미치는 오염물질 특성 영향인자 2가지를 쓰시오.

해설 ① 헨리상수
② 용해도
③ 증기압
④ 오염물질의 호기성 생분해 능력

11. 식물복원공정 오염물질 제거기작 원리 3가지와 적합한 식물 1가지를 쓰시오.

> 해설 (1) 식물에 의한 추출
> ① 원리 : 식물조직이 중금속이나 방사성 물질과 같은 무기오염물질을 체내에 흡수하여 축적(농축)함으로써 오염물질을 제거하는 원리
> ② 적합한 식물 : 해바라기
> (2) 식물에 의한 분해
> ① 원리 : 식물이 독성물질을 분해하는 효소를 분비하거나 또는 오염물질을 분해하는 데 중요한 역할을 하는 토양미생물에 필요한 영양분을 제공하여 분해활동을 활성화시킴으로써 오염물질을 무독성의 물질로 전환시키는 원리
> ② 적합한 식물 : 포플러나무
> (3) 식물에 의한 안정화
> ① 원리 : 오염물질이 식물 뿌리 주변에 비활성의 상태로 축적되거나 식물체에 의해 오염물질의 이동을 차단하는 원리를 이용하며, 뿌리 주변 토양의 pH 변화 등에 의하여 중금속의 산화도가 바뀌어 불용성의 상태로 되는 원리에 기초한다.
> ② 적합한 식물 : 포플러나무

12. 토양증기추출시스템의 구성장치 중 추출정 및 공기유입정 설치 시 기준요소를 1가지씩 쓰시오.

> 해설 ① 추출정 : 1개 이상으로 하여 일부 개방되어 있는 파이프를 이용하여, 침투성이 좋은 굵은 모래나 자갈 위에 설치
> ② 공기유입정 : SVE에 필요한 유량을 보장하기 위해 설치하며, 일반적으로 송풍기로 사용

13. 토양세척용 첨가제로 표면장력을 크게 낮출 수 있는 계면활성제를 선택하는 이유를 쓰시오.

> 해설 토양과 계면활성제 용액의 혼합물 중에서 중력에 의한 고액분리가 용이하기 때문에 계면활성제를 선택한다.

14. 생물학적 복원방법의 장점 4가지를 쓰시오. (예시: 처리비용이 적게 소요됨)

해설 ① 많은 에너지가 필요하지 않음(자연조건을 이용하기 때문)
② 2차 오염이 적음(약품을 사용하지 않기 때문)
③ 원위치에서 오염정화가 가능함
④ 저농도의 오염 및 광범위 분포 시에도 적용 가능

15. 토양세척법의 처리공정 순서를 쓰시오.

해설 전처리 → 분리(토사입자 분리) → 굵은 토양 처리(조립자 처리) → 미세 토양 처리(세립자 처리) → 세척수 처리(오염수 처리) → 처리 잔류물 관리

16. 동전기 정화방법에 이용되는 동전기 현상 3가지를 쓰시오.

해설 ① 전기삼투 이론
② 전기이동 이론
③ 전기영동 이론

17. 다음 처리기술을 설명하고 처리장소 위치에 따른 구분을 쓰시오.

    (1) 바이오벤팅

    (2) 식물정화법

    (3) 자연저감법

    해설 (1) 바이오벤팅
        ① 정의 : 오염토양에 인위적으로 산소를 공급하여 토양 내에 존재하는 토착미생물의 활성을 촉진시켜 생분해도를 극대화하여 오염토양을 정화하는 기술이다.
        ② 처리장소 위치구분 : 원위치 처리방법(In-situ)
    (2) 식물정화법
        ① 정의 : 토양 및 지하수로부터 유해한 오염물질을 식물을 이용한 정화, 즉 생물학적 및 물리·화학적인 제거 메커니즘이 모두 포함되며 오염물질 제거, 안정화·무독화시키는 자연친화적인 환경복원 기술이다.
        ② 처리장소 위치구분 : 원위치 처리방법(In-situ)
    (3) 자연저감법
        ① 정의 : 자연적인 지중공정(희석, 생분해, 휘발, 흡착, 지중물질과 화학반응 등)에 의해 오염물질농도가 허용가능한 농도수준으로 저감되도록 유도하는 기법이다.
        ② 처리장소 위치구분

18. 원위치(In-Situ) 처리공법 종류를 5가지 쓰시오.

    해설 ① 토양증기 추출법   ② 바이오벤팅   ③ 바이오슬러핑
        ④ 바이오스파징   ⑤ 고형화·안정화 처리법 ⑥ 에어스파징
        ⑦ 자연저감법   ⑧ 식물정화법   ⑨ 토양세정법
        ⑩ 투수성 반응벽체   ⑪ 동전기법

19. 오염토양을 고형화·안정화 방법으로 처리한 이후 위해성을 평가하기 위한 용출능력 평가실험방법 중 외국에서 사용되는 방법 4가지를 쓰시오.

해설 ① TCLP 시험법　　② EP TOX 시험법　　③ MWEP 시험법
　　 ④ MEP 시험법　　⑤ MCC-IP 시험법　　⑥ CLT 시험법

20. 토양세척법의 장점 4가지를 쓰시오.

해설 ① 외부환경의 조건 변화에 대한 영향이 적고 자체적인 조건 조절이 가능한 폐쇄형 공정이다.
　　 ② 부지 내에서 유해오염물의 이송 없이 바로 처리 가능하다.
　　 ③ 적용 가능한 오염물질 종류의 범위가 넓다.
　　 ④ 오염토양 부피의 단시간 내의 효율적인 급감으로 2차 처리 비용이 절감된다.

21. 수직차단벽의 종류 6가지를 쓰시오.

해설 ① 슬러리 월(Slurry Walls)
　　 ② 그라우트 커튼(Grout Curtains, Grouting)
　　 ③ 진동빔 차단벽(Vibrating Beam Cut Off Walls)
　　 ④ 스틸시트 파일링(Steel Sheet Piling)
　　 ⑤ 심층 토양혼합 수직차단벽(Deep Soil Mixed Cut Off Walls)
　　 ⑥ 얇은 막벽 차수공법(Thin Wall Barrier, HDPE)

22. 토양증기추출법의 장점 5가지를 쓰시오.

해설 ① 기계 및 장치가 간단하다.
② 유지 및 관리비용이 저렴하다.
③ 즉시 복원효율에 대한 결과를 얻을 수 있다.
④ 굴착이 필요 없어 오염되지 않은 토양과 혼합될 우려가 없다.
⑤ 단기간 내에 설치가 가능하다.

23. 유류오염지역의 토양 8,000m³을 수거하여 오염도를 조사한 결과 TPH 평균 오염정도가 1,200mg/kg이었다. 이 토양을 바이오파일(Biopile) 공법으로 처리 시 필요한 N(질소)와 P(인)의 양(kg)은? (단, 미생물 활성을 위한 영양물질 비율은 C : N : P = 100 : 10 : 1, 토양밀도 1.35g/cm³, 토양 중 N, P는 없음)

해설 반응식 C : N : P = 100 : 10 : 1

$$8,000m^3 \times \frac{1,350kg}{m^3} \times \frac{1,200mg}{kg} \times \frac{1kg}{10^6 mg} : X : Y$$

∴ $X(N$필요량$) = 1,296kg$
∴ $Y(P$필요량$) = 129.6kg$

정답 N 필요량 : 1,296kg
P 필요량 : 129.6kg

24. 열탈착 기술에서 분자량과 휘발성에 따른 탈착속도에 대하여 쓰시오.

해설 ① 분자량 : 유기물질의 분자량이 클수록 탈착속도가 느리다.
② 휘발성 : 유기물질의 휘발성이 낮을수록 탈착속도가 느리다.

25. 산소 또는 무산소이고 대체로 500℃ 이하의 토양 온도 조건일 때 오염물질을 토양으로부터 제거하는 기술을 쓰시오.

> [해설] 열탈착 기술(Thermal Desorption)

26. 벤젠으로 오염된 오염부지 면적 1,000m³의 토양가스 벤젠농도가 4mg/m³이다. SVE로 부지를 복원하고자 할 경우 정화기간(hr)을 예상하시오.

> **조건**
> - 오염토양 – 수분 – 토양공기간 평형관계임을 고려하여야 함. 추출가스농도는 토양 가스농도이며, 총 추출공기 유량은 20m³/hr임
> - $\rho_b = 1,500 \text{kg/m}^3$, $K_{oc} = 83 \text{L/kg}$, $f_{oc} = 0.02$, $\theta_W = 0.05$, $\theta_g = 0.5$, $H' = 0.228$

[해설] [식] $t = \dfrac{M}{CQ}$

[식] $C_T = \left(\rho_b \dfrac{K_d}{H'} + \dfrac{\theta_w}{H'} + \theta_g\right) C_g$

- $K_d = K_{oc} f_{oc} = \dfrac{83L}{kg} \times 0.02 = 1.66 L/kg$

$C_T = \left(\dfrac{1500kg}{m^3} \times \dfrac{1m^3}{10^3 L} \times \dfrac{1.66 L/kg}{0.228} + \dfrac{0.05}{0.228} + 0.5\right) \times 4mg/m^3 = 46.5614 mg/m^3$

- $M = \dfrac{46.5614 mg}{m^3} \times 1,000 m^3 = 46,561.4 mg$

∴ $t = \dfrac{46,561.4 mg}{\dfrac{4mg}{m^3} \times \dfrac{20 m^3}{hr}} = 582.02 hr$

[정답] 582.02hr

27. 열탈착 기술에 사용되는 장치의 종류 4가지를 쓰시오.

> 해설 ① 로터리 탈착장치　　② 열스크류 장치　　③ 유동상 탈착장치
> 　　　④ 마이크로파 탈착장치　　⑤ 스팀 주입 탈착장치

28. 토양경작법(Land Farming)과 바이오파일(Biopile)의 공통점(유사점) 및 차이점을 기술하시오.

> 해설 ① 공통점(유사점) : 굴착된 오염토양에 공기를 주입하여 미생물의 활성을 증대시킴으로써 처리효율을 증가시킨다. (호기성 상태 유지)
> 　　　② 차이점 : 공기주입방식의 차이가 있다. 바이오파일은 파일(Pile) 더미까지 통하는 관을 이용하여 강제적으로 공기를 주입하거나 추출하며, 토양경작법은 토양을 경작 및 정기적으로 뒤집어 공기를 통기시켜줌으로써 공기를 주입한다.

29. 휘발성 유기물질의 처리를 위해 바이오벤팅(Bioventing)의 적용성 시험을 하였다. 다음의 자료를 활용하여 평균 산소 소모율(%, O_2/day)을 구하면?

- 주입공기유량 : 30L/min
- 배기가스의 산소농도 : 5%
- 토양공극률 : 50%
- 초기 산소농도 : 21%
- 시험용 토양부피 : 100m³

> 해설 【식】 산소소모율(%/day) = $\dfrac{Q}{\forall}$ × (초기산소농도(%) − 배기가스산소농도(%))
>
> - Q : 주입공기유량 = $30L/\min = 0.03 m^3/\min$
> - $\forall$: 토양공극의 부피 = $100m^3 \times 0.5 = 50m^3$
>
> ∴ 산소소모율(%/day) = $\dfrac{0.03 m^3/\min}{50 m^3} \times (21-5) \times \dfrac{1440 \min}{day} = 13.83\%$
>
> 【정답】 13.83%, O_2/day

30. 헥산 50kg으로 오염된 토양을 바이오벤팅 기술을 이용하여 처리하고자 한다. 헥산을 완전분해하기 위해 필요한 산소의 양(kg)을 구하고, 공기주입량이 5m³/day일 경우 헥산을 제거하는 데 소요되는 시간(day)을 예측하시오. (단, 기타 조건은 고려하지 않음)

> **반응식** $C_6H_{14} + 19/2 O_2 \rightarrow 6CO_2 + 7H_2O$
> - 공기밀도 : $1.205 kg/m^3$
> - 공기 중 산소함유율(무게기준) : 23.15%

해설 **반응식** C_6H_{14} : $8.5 O_2$
86kg : 9.5×32kg
50kg : X, $X = 176.74 kg$

식 소요되는 시간 = $\dfrac{\text{필요산소량}}{\text{주입산소량}} = \dfrac{176.74 kg}{\dfrac{5m^3}{day} \times \dfrac{1.205 kg}{m^3} \times \dfrac{23.15 O_2}{100 Air}} = 126.71 day ≒ 127 day$

정답 176.74kg, 126.71(127day)

31. 폐광산 산성 광산폐수 처리기술 중 SAPS의 A, B층 충전물질의 역할을 기술하시오.

해설 ① SAPS의 A층 충전물질 역할 : 유기물(Organic Matter)로 황산염환원균이 황산염을 황화물로 침전시켜 금속이 황화물로 침전되도록 유도한다.
② SAPS의 B층 충전물질 역할 : 석회(Limestone)로 산성 광산폐수의 pH를 증가시켜 중금속의 활성을 억제한다.

32. 지하수 1,000m³ 중에 페놀이 20mg/L의 농도로 함유되어 있다. 이를 활성탄으로 처리하여 1mg/L까지 낮추기 위해 소요되는 활성탄의 양(kg)을 구하시오. (단, Freundlich 흡착등온식을 이용하고 K는 0.5, n은 1을 적용)

해설 식 $\frac{X}{M} = K \cdot C^{\frac{1}{n}}$

$\frac{(20-1)}{M} = 0.5 \times 1^{\frac{1}{1}}$, $M = 38 mg/L$

∴ 활성탄의 양 $= \frac{38mg}{L} \times 1,000m^3 \times \frac{10^3 L}{1m^3} \times \frac{1kg}{10^6 mg} = 38kg$

정답 38kg

33. 투수성 반응벽체에서 탈염소화 반응을 하는 투수성 반응물질을 쓰고 반응식을 쓰시오.

해설 ① 반응물질
영가철(Fe^0)
② 반응식
$Fe^0 \rightarrow Fe^{2+} + 2e^-$ (호기성 조건에서 Fe^{2+}로 산화되어 2개의 전자 방출)
$R-Cl + 2e^- + H^+ \rightarrow R-H + Cl^-$ (전자수용체로서 전자를 받은 염소계화합물은 탈염소화 과정 후 염소이온 방출)

34. Rhizofiltration 방법에 대해 간단히 설명하시오. (단, 정화원리와 정화대상을 중심으로 설명)

해설 (1) 정화원리
수용해 오염물질을 식물의 뿌리로 통과시켜 뿌리 주변에 축적되거나 식물체로 흡수되어 처리하는 방법이다.
(2) 정화대상
① 일반적인 토양보다는 수환경을 대상으로 하여 수생식물보다는 육상식물에 더 효과적이다.
② 적용오염물질은 중금속(납, 카드뮴), 방사성 원소(우라늄, 세슘 등)이다.

35. 투수성 반응벽체(PRB)에 적용되는 반응물질을 4가지 쓰시오.

　해설 ① 영가철(Fe^0)　　② 제올라이트
　　　　 ③ 활성탄　　　　 ④ 석회

36. TCE가 고르게 분포하는 오염지역에 대하여 양수처리법과 계면활성제 양수법을 적용하였을 경우 TCE를 완전 제거하는 데 소요되는 기간(day)을 다음의 현장조건을 참조하여 각각 산정하시오.

> - TCE 유출량 : 100L
> - TCE 밀도 : 1.47kg/L
> - TCE의 물에 대한 용해도 : 1,200mg/L
> - 계면활성제-TCE 평형농도 : 10g/L
> - 양수유량 : 2,000L/day(두 방법 모두 양수유량 동일)

(1) 계면활성제법 적용

(2) 양수처리법 적용

　해설 (1) 계면활성제법 적용

　　식 제거시간 = $\dfrac{오염물질총량}{양수로 제거되는 오염물질량}$

　　∴ 제거시간 = $\dfrac{100L \times \dfrac{1.47kg}{L}}{\dfrac{2,000L}{day} \times \dfrac{10g}{L} \times \dfrac{1kg}{10^3 g}}$ = 7.35 day

　　정답 7.35 day

　　(2) 양수처리법 적용

　　식 제거시간 = $\dfrac{오염물질총량}{양수로 제거되는 오염물질량}$

　　∴ 제거시간 = $\dfrac{100L \times \dfrac{1.47kg}{L}}{\dfrac{2,000L}{day} \times \dfrac{1,200mg}{L} \times \dfrac{1kg}{10^6 mg}}$ = 61.25 day

　　정답 61.25 day

37. 식물정화법의 적용 제약조건에 대해 기술하시오. (단, 3가지)

해설 ① 지하수, 수변, 낮은 깊이의 토양에 한정적으로 작용한다.
② 고농도 유기물질의 유해 독성으로 인하여 제어에 한계가 있다.
③ 물질전달 반응에 한계가 있다.
④ 물리·화학적 공정에 비하여 상대적으로 처리속도가 늦다.
⑤ 분해생성물의 유해독성 여부 및 생분해도의 규명이 부정확하다.

38. 토양세척법의 공정순서를 기술하고 간단히 설명하시오.

해설 ① **전처리** : 오염토양을 주 세척장치에 투입하기 전에 분쇄, 분리, 선별, 혼합 등의 과정으로 불순물 및 큰 고형물 제거, 함수율 조절, 금속물질 제거, 토양입도를 균등히 하여 토양세척에 적합한 토양조건으로 하는 공정
② **분리(토사입자 분리)** : 굵은 입자와 미세입자를 63~74㎛ 사이를 기준으로 보다 더 정밀한 토양분리를 실시하는 공정
③ **굵은 토양 처리(조립자 처리)** : 입경 63~74㎛ 이상에 해당하는 굵은 토양은 표면세척, 산 염기 용제추출에 의해 표면에 흡착된 오염물질을 제거하는 공정
④ **미세 토양 처리(세립자 처리)** : 입경 63~74㎛ 이하에 해당하는 미세토양은 표면세척에 의한 오염물질 제거에 한계가 있어 다른 처리공정으로 보내기 위해 분립·수집하는 공정
⑤ **세척수 처리(오염수 처리)** : 배출오염 세척수는 기존의 폐수처리시설에서 토양 세척도에 영향을 미치지 않는 정도로 정화 처리하여 재순환시키는 공정
⑥ **처리 잔류물 관리(최종처리방법)** : 최종적으로 미처리된 잔류미세토양은 매립, 소각, 열분해, 화학적 처리(추출), 생물학적 처리, 고정화·안정화 등의 방법으로 최종 처분하는 공정

39. 생물학적 복원방법의 장단점을 각각 3가지씩 쓰시오.

해설 (1) 장점
① 적용이 광범위하고 설치가 간단하다.
② 원위치에서도 정화가 가능하다.
③ 타 기술보다 처리비용이 적게 소요되며, 양수처리에 비해 처리기간이 짧다.
④ 타 기술과 병행하여 처리효과를 향상시킬 수 있다.
⑤ 처리 폐기물이 다량 발생하지 않는다. (2차 오염이 적다.)

(2) 단점
① 시간이 오래 걸린다.
② 오염물질의 농도가 너무 높거나, 너무 낮으면 처리가 어렵다.
③ 독성물질 존재 시 처리가 어렵다.
④ 중금속, 무기물질의 처리효율이 낮다.
⑤ 온도, pH, 영양분의 영향을 크게 받는다.

40. 바이오스파징(Bio Sparging)의 단점 2가지를 쓰시오.

해설 ① 수리전도도가 너무 크면 오염물질이 확산될 우려가 있다. (10^{-3}cm/sec 이하인 지역에 적용하는 것이 바람직)
② 층상구조가 발달된 지역에서는 오염물질이 확산될 우려가 있다. (대상 부지의 지층이 균일해야 함)

41. 열적 처리기술인 소각과 열탈착 기술의 차이점을 기술하시오.

해설 ① 소각 : 산소가 존재하는 조건에서 고온으로 온도를 높여 유기물을 휘발시키고 소각시키는 기술, 유해가스 발생량 많음, 처리 후 토양은 토양으로서 기능상실(작물 생산 불가)
② 열탈착 : 대체로 500℃ 이하의 토양온도 조건일 때 오염물질을 토양으로부터 제거하는 기술, 유해가스 발생량 적음, 처리 후 토양은 토양으로서 기능유지(작물 생산 가능)

42. 바이오스티뮬레이션(Bio Stimulation)과 바이오어그멘테이션(Bio Augmentation)을 간단히 설명하시오.

해설 ① 바이오스티뮬레이션(Bio Stimulation) : 서식하는 토착미생물의 활성을 촉진시키기 위해 영양물질, 전자수용체, pH, 온도 등을 조절하여 미생물의 분해를 촉진시키는 기술
② 바이오어그멘테이션(Bio Augmentation) : 자연계에서 분리한 오염물에 분해능이 우수한 미생물이나 유전공학적으로 변형된 미생물을 공급함으로써 오염물질의 생분해도를 높여 제거하는 기술

43. 열탈착 및 소각기술 적용 시 부산물로 발생되는 2차 오염원 3가지와 각각의 기본적인 제어장치 설비를 쓰시오.

해설 ① 먼지 : 집진장치(여과집진장치, 전기집진장치)
② 다이옥신, 퓨란류 : 활성탄 주입장치 + SCR + 여과집진장치
③ 산성증기 : 세정식 집진장치(벤투리 스크러버)

44. 토양의 지하수 상부에 있는 불포화토양층을 Vadose Zone이라고 한다. 이 불포화토양층이 유기오염물질로 오염되었을 때 현장(In-Situ)에서 처리하는 물리·화학적 공법을 쓰고 개요를 기술하시오.

해설 ① 공법 : 토양증기추출법(SVE)
② 개요 : 토양증기추출법(SVE ; Soil Vapor Extraction)은 불포화 대수층 위에 추출정을 설치하여 강제진공흡입으로 토양을 진공상태로 만들어 줌으로써 토양으로부터 휘발성·준휘발성 오염물질을 제거하는 기술이다. 토양으로부터 제거되는 가스는 지상에서 처리해야 한다. 휘발성 유기화합물을 제거하는 가장 효과적이고 경제적인 방법이다.

45. 토양세척기술의 제약조건 3가지를 쓰시오.

해설 ① 세척수로부터 미세토양입자를 분리해 내기 위해서 응집제를 첨가해 주어야 하는 경우도 있다.
② 복합오염물질의 경우 적용하고자 하는 세척제를 선별·제조하기가 어렵다.
③ 토양 내 휴믹질이 고농도로 존재 시 전처리가 요구된다.

46. 식물정화법의 단점 2가지를 쓰시오.

해설 ① 효과가 느리다.
② 넓은 부지가 필요하다.
③ 지역에 따라 기후 및 계절의 영향을 받는다.

47. 토양증기추출법(SVE)의 적용 제한인자(제약조건)에 대해 기술하시오. (단, 4가지)

해설 ① 미세토양이나 수분함량이 50% 이상 높은 토양의 경우 통기성을 저해하여 증기압을 높이기 위한 추가비용 부담이 증가된다.
② 유기물의 함량이 높은 토양 및 건조한 토양은 VOC(휘발성 유기물질)의 흡착능력이 높아 제거율이 낮아진다.
③ 방출·추출된 증기는 인간이나 주변 환경에 해가 되지 않도록 처리해야 한다.
④ 추출가스 처리에 사용된 활성탄 및 용액을 안전하게 처리해야 한다.
⑤ 포화지역에는 효과가 없으나 대수층을 낮추면 적용범위가 많아진다.
⑥ 투수성 지반 내에 렌즈 모양의 불투수성 부분이 존재하는 경우 휘발성 오염물질의 제거효율이 저하된다.

48. 오염지역에 바이오스파징 기술을 적용하였다. 대상부지 지하수의 철(II)이온 Fe^{2+} 농도가 10~20mg/L일 때 이로 인해 공기주입정에 발생할 수 있는 문제점에 대해 간략히 기술하시오.

해설 지하수 내에 용존 Fe^{2+}이 바이오스파징 중 산소와 접촉시 Fe^{3+}로 산화되면서 불용상태로 존재하여 대수층의 공극 내에 침전, 투수성을 저하시킨다.

49. Bio Sparging 복원방법에서 Ferrous Iron(Fe^{2+})이 10mg/L 이상에서는 적합하지 않은 이유를 쓰시오.

해설 지하수 내에 용존 Fe^{2+}이 바이오스파징 중 산소와 접촉시 Fe^{3+}로 산화되면서 불용상태로 존재하여 대수층의 공극 내에 침전, 투수성을 저하시킨다.

50. 오염토양의 생물학적 복원에서 복원효율을 증진시키기 위하여 산소와 영양분을 주입한다. 이때 산소의 주입방법 3가지와 주입대상 영양소의 종류 2가지를 쓰시오.

해설 (1) 산소의 주입방법
① 단일 주입정을 이용하는 방식
② 주입정과 추출정을 이용하고 추출정을 가운데 주입정을 추출정 양쪽에 배치하여 주입된 공기를 추출하는 방식
③ 주입정과 추출정을 이용하고 주입정을 가운데 추출정을 주입정 양쪽에 배치하여 주입된 공기를 추출하는 방식
(2) 영양소
① 질소
② 인

51. Ground Fracturing의 처리방식을 기술하시오.

해설 (1) 원리 : 지반 내에 물 또는 공기를 고압으로 분사하여 기존의 간극을 확장시키거나 새로운 파쇄간극을 생성시켜줌으로써 토양의 투과성을 향상시켜 오염물질의 추출 및 처리를 용이하게 하는 토양오염 복원기술이다.
 (2) 종류
  ① 수압파쇄기술(Hydraulic Fracturing) : 고압수 또는 슬러리를 주입
  ② 압축공기파쇄기술(Pneumatic Fracturing)

52. 행잉슬러리월에 대해 설명하시오.

해설 슬러리월 공법은 낮은 투수성을 가진 토양에 가용한 다른 첨가제를 지중 트렌치에 채워넣어 오염물질의 거동을 제어하는 공법이다. 설계에 따라 수평 또는 수직 배열로 설치한다. 행잉슬러리월은 벽을 설치하기에 저투수성의 토양층이나 기반암이 심도가 깊은 경우나, 슬러리월 외부의 지하수위가 내부에 비하여 상대적으로 높아 오염물질의 흐름이 외부로 발생하지 않을 때 슬러리월을 저투수층까지 삽입하지 않은 상태로 설치하는 방법을 말한다.

53. 전기동력학적 오염토양복원기술이 타 기술과 비교하여 갖는 장점 6가지를 기술하시오.

해설 ① 다양한 종류의 오염물질에 적용 가능하다. (특히 금속으로 오염된 지역에 효과적)
② 이질토양에서도 균일하게 오염물질의 제거가 가능하다.
③ 토양의 포화도에 무관하게 적용이 가능하다.
④ 오염물질 이동방향 조절이 가능하다.
⑤ 상대적으로 에너지가 적으므로 경제적이다.
⑥ 굴착 등이 필요하지 않기 때문에 현재의 현장상태를 유지하면서 복원할 수 있다.
⑦ 집수정으로부터 오염된 지중용액의 추출이 용이하다.
⑧ 처리된 토양은 재생이 가능하다.

54. 오염토양의 열처리기술인 열탈착기술이 소각공정과 비교하여 갖는 장점 2가지를 쓰시오.

> [해설] ① 같은 용량의 소각공정에 비하여 가스양이 상대적으로 적게 발생한다.
> ② 유기염소 및 유기인 살충제 등 오염토양을 처리하는 동안 다이옥신과 퓨란이 생성되지 않는다.
> ③ 토양으로부터 검출한계 이하로 휘발성 유기화합물, 유기염소, 유기인 살충제의 제거가 가능하다.
> ④ 처리 후 토양의 기능을 상실하지 않는다.
> ⑤ 소각공정에 비하여 먼지의 양이 적고, 유기물을 응축시켜 회수 가능하거나 후처리할 수 있다.

55. 오염토양정화기술의 설계절차 4단계를 쓰시오.

> [해설] ① 사전조사 단계
> ② 정화공법의 선정 단계
> ③ 적용성 시험 단계
> ④ 공정설계 단계

08 CHAPTER 토양관리 및 이용

UNIT 01 토양보전, 관리, 이용하기

1 토양보전, 침식방지, 환경보전 등 토양관리 및 이용기술에 대한 숙지

(1) 토양의 침식
① **지질침식(정상침식)** : 굴곡이 심한 자연지형을 고르고 평평하게 하는 과정으로 산이나 언덕을 끊임없이 침식시키고 생성된 퇴적물이 호수나 계곡을 메우게 된다.
② **가속침식** : 사람의 작용이나 자연재해로 인해서 침식이 진행되는 현상을 말한다. 가속침식은 지질침식보다 수십배에서 수백배 침식의 정도가 심하고 제어가 가능한 경우가 많기 때문에 최대한 제어하도록 해야 한다.

(2) 토양침식의 종류
① **수식** : 강우의 낙하타격과 물의 흐름에 의해 나타나는 침식
  ㉠ 면상침식 : 강우에 의해 토양 표면을 따라 얇고 일정하게 면을 침식하는 형태
  ㉡ 세류침식 : 강우에 의해 면상침식이 진행될 때 우선적으로 세류(지류) 사이에 먼저 침식이 일어나는데 이를 세류침식이라 한다.
  ㉢ 협곡침식 : 세류침식현상이 강우량과 강우강도가 증가하면 세류침식의 규모가 커지게 되는데 이를 협곡침식이라 한다.
② **풍식** : 바람에 의해 토양입자가 이동하는 침식으로 주로 건조지대, 반건조지대에서 일어난다.
  ㉠ 풍식의 기작
    ⓐ 약동 : 바람에 의하여 지름 0.1~0.5mm의 토양입자가 지표면에서 30cm 이하의 높이로 비교적 짧은 거리를 구르거나 튀는 모양으로 이동하는 것(전체 토양 이동량의 50~90% 차지)
    ⓑ 포행 : 보다 큰 토양입자(지름 1mm 이상)가 토양 표면을 구르거나 미끄러지며 이동하는 것
    ⓒ 부유 : 작은 입자가 공중에 떠서 멀리 이동하는 것으로 수 m에서 수백 km를 날아가기도 한다.

ⓒ 풍식의 조절

　　ⓐ 토양 표면의 굴곡(고랑, 이랑)

　　ⓑ 식생의 피복

③ **해안침식** : 파랑, 해일, 쓰나미 등에 의해 해안이 붕괴되는 침식

(3) 토양침식에 영향을 끼치는 인자

① 지형

② 기상조건

③ 토양의 성질

④ 식물의 생육

(4) 토양침식 예측모델 및 주요 인자

① 수식예측공식

$$A = R \times K \times LS \times C \times P$$

- A : 연간 토양유실량
- R : 강우인자(침식에 영향을 미치는 강우의 정도)
- K : 토양침식성 인자(토양이 가지는 본래의 침식가능성)
- LS : 경사도와 경사장 인자(경사면의 길이와 경사도의 영향)
- C : 작부인자(작물의 상태에 따른 침식의 정도)
- P : 토양관리인자(인위적인 관리 활동에 대한 영향)

② 풍식예측공식

$$E = I \times K \times C \times L \times V$$

- E : 풍식에 의한 토양유실량
- K : 토양면의 조도인자
- L : 포장의 나비(폭)
- I : 토양풍식성 인자
- C : 그 지방의 기후인자
- V : 식생인자

(5) 토양보전 및 관리

① **침식방지**

　㉠ 지표면의 피복

　㉡ 토양개량

　㉢ 유거의 속도조절 및 경작법

② **최적영농방안(BMP, best management practice)** : 토양의 질과 환경의 질을 향상시키고 안전한 농산물 생산을 위한 영농방법

UNIT 02 사후관리 및 모니터링 이해하기

1 오염부지 정화 모니터링 개요

현재 사후 모니터링 관리체계에 대해서는 자세히 규정되어 있지 않다. 현재로서는 정화작업 완료 시에 최종결과 보고서를 제출하는데, 이 결과서를 바탕으로 정화작업의 성공 여부를 확인할 수 밖에 없다. 정확한 작업의 수행을 위해서는 정화작업 초기부터 지속적인 모니터링이 필요하며, 정화계획을 수립하는 과정에서 모니터링과정이 초기측정, 검토, 완료 과정까지 포함되어야 한다.

2 정화/복원 모니터링 계획 수립과 수행

(1) 모니터링 항목

① 규정이나 기준 준수 목적의 모니터링
② 정화작업의 효율 모니터링
③ 부지사용 형태와 미래의 부지사용 예측에 관한 모니터링

(2) 모니터링 영역

① **화학적 모니터링 영역** : 수질 기준과 수질 자료 비교
② **수리동력학적 모니터링 영역** : 오염 부지로 물의 침투 방지, 수두구배가 오염운이 확대되지 않도록 오염운 방향의 유지 여부 모니터링
③ **정화 처리 효율 모니터링 영역** : 하천이나 호수 등 주변 수계로의 오염물질 유출 방지 또는 최소화를 위한 모니터링
④ **행정 관리 영역** : 시추금지 구역 준수, 전기 안전, 화재 예방, 작업 안정성 모니터링

❸ 모니터링 결과에 의한 정화/복원 작업 완료 판단

오염물질의 정화/복원 작업의 완료 판단은 오염물질이 영구적으로 제거되거나 다른 오염물질로 전환이 이루어지는지 확인되고, 시간에 따라 다시 오염물질의 농도가 증가하지 않는지, 증가한다고 해도 신뢰도가 확보되는 변동폭내에서 변동하는지의 여부를 종합적으로 판단하여 작업완료를 결정한다.

① **물리/화학적 정화** : 영구적으로 오염물질을 제거 또는 배경 값[5])까지의 도달
② **생물학적 정화** : 오염물질의 농도 저감 정도 판단 및 중간 산물 생성여부 판단
③ **지하수 정화** : 리바운드[6](rebound) 현상의 문제를 제어하기 위한 정상상태까지의 도달여부 확인

❹ 오염토양정화기술의 평가

① **검증계획의 수립** : 자료조사, 현장조사, 청취조사 등을 통하여 검증계획서 작성
② **과정검증** : 토양정화 진행 중에 실시하는 검증단계
③ **완료검증** : 정화완료 후 시료채취·분석을 통해 오염농도가 정화목표까지 달성되었는지의 여부 확인, 목표 미달성시 재검증 수행
④ **정화토양 처분** : 정화된 토양을 최종적으로 환경보전법상의 지역 기준에 맞게 반출되어 처분되었는지 확인

〈출처 : 오염토양 정화방법 가이드라인, 환경부〉

---

5) 배경 값 : 오염물질이 발생 전 상태 또는 오염물질이 발생하지 않는 지역에서의 오염물질의 농도
6) 리바운드 현상 : 정화 작업이 중단되면 다시 농도가 증가하는 현상

CHAPTER 08 토양관리 및 이용

01. 토양입자의 이동을 뜻하는 말로 다음 설명에 해당하는 용어를 쓰시오.

> 대개 바람에 의하여 지름 0.1~0.5mm의 토양입자가 지표면에서 30cm 이하의 높이로 비교적 짧은 거리를 구르거나 뛰는 모양으로 이동하는 것

[해설] 약동(Saltation)

02. 토양유실량 예측공식을 쓰고 각 변수를 설명하시오.

[해설] [식] $A = R \times K \times LS \times C \times P$
- A : 연간 토양유실량
- K : 토양침식성 인자
- C : 작부인자
- R : 강우인자
- LS : 경사도와 경사장 인자
- P : 토양관리인자

03. 오염토양정화기술의 평가 4단계를 쓰시오.

[해설]
① 검증계획의 수립
② 과정검증
③ 완료검증
④ 정화토양 처분

💡 토양관리 및 이용파트는 문제수가 적어 따로 문제풀이 강의가 없습니다. 해설 참고해주시고 궁금하신점 언제든 에듀피디 질문게시판이나 카페(네이버 "초록별엔진의 환경공학고민해결")에 남겨주세요.

PART 2

제 2 편
과년도 필답형 기출문제

2020년 제1회 토양환경기사 필답형

01. 두께가 50m인 대수층에 설치된 관측정 A의 수위는 50m이고 관측정 B의 수위는 30m이며 관측점 사이의 거리가 500m일 때, 대수층을 통과하는데 소요되는 시간(day)과 최대폭(m)을 구하시오. (단, 투수계수 0.3m/day, 대수층에 흐르는 지하수의 양은 30m³/day)

02. 어느 배양기의 제한기질 농도가 200mg/L, 세포의 비증식속도 최대치가 0.23/hr, 제한기질 반포화농도가 30mg/L일 때, 세포의 비증식속도를 구하시오.

03. 어느 지역의 토양 공극률은 0.3이며 토양입자밀도는 2.45g/cm³이다. 이 지역의 토양단위 용적밀도(Bulk Density, g/cm³)는?

04. 지하저장창고로부터 디젤이 유출되어 토양이 오염되었다. 오염부지 평가결과 오염노출지역 토양의 밀도가 1.8g/cm³, 오염농도가 4,000mg/kg, 오염깊이가 10m, 오염면적이 11,250m²일 때, 오염된 토양 내 디젤의 양(톤)을 구하시오.

05. 토양정밀조사 3단계를 쓰고 간단히 설명하시오.

06. POPs에 대해 설명하시오.

07. 토양세척(soil washing)은 토양내의 오염물을 세척수를 사용하여 유해한 유기오염물질의 표면장력을 약화시키거나 중금속을 액상으로 변화시켜 유해한 오염물질을 처리하는 기술이다. 이러한 토양세척수의 pH값이 산성일 때의 효과와 알칼리성 일때의 효과를 쓰시오.

08. 열적 처리기술인 소각과 열탈착 기술의 차이점을 기술하시오.

09. 투수성 반응벽체에서 탈염소화 반응을 하는 투수성 반응물질과 반응식을 쓰시오.

10. 비점오염원의 발생원인과 원인물질 2가지를 쓰시오.

11. 다음 처리기술을 설명하시오.

    (1) 바이오벤팅

    (2) 토양경작법

    (3) 토양세척법

12. 식물복원공정 오염물질 제거기작 1가지와 적합한 식물 1가지, 그리고 제거오염물질을 쓰시오.

13. 오염물질의 생분해 조건과 관련된 인자 3가지를 쓰시오.

14. 토양목의 분류기준 6개를 큰 순서대로 나열하시오.

대군, 과, 통, 아목, 목, 아군

15. 점토광물 중 1:1격자형 광물과 2:1격자형 광물을 각각 2가지씩 쓰시오.

16. 다음 ( )안에 알맞은 말을 쓰시오.

   토양표면의 전하는 pH와 무관한 (①) 전하와 pH에 따라 변화되는 (②) 전하로 구분된다.

17. 토양오염 복원기술 중 화학적 산화법에서 사용되는 산화제의 종류 2가지를 쓰시오.

18. 미복원

2020년 제2회 토양환경기사 필답형

01. 농경지의 면적이 3,500m²일 때, 정밀조사 전 개황조사 시 시료채취지점의 선정방식을 쓰시오.

02. PCB-기체크로마토그래피의 분석방법에서 빈칸에 들어갈 말을 쓰시오.

> 토양을 (   ) 분해한 다음 (   )으로 추출하여 (   ) 또는 다층 실리카겔을 통과시켜 정제한다. 이 액을 농축시킨 다음 기체크로마토그래프에 주입하여 크로마토그램에 나타난 봉우리 패턴에 따라 PCBs를 확인하고 정량하는 방법이다.

03. 아래 보기의 토양 층위를 지표면으로부터 지하의 순서대로 기호와 명칭을 쓰시오.

> **보기**
> A층, B층, R층, C층, O층

04. 다음 설명에 알맞은 용어를 쓰시오.

> 지하수 모니터링의 수질조사에 널리 이용되고 있는 삼각수질도식법으로 상단의 다이아몬드형과 하단의 두 삼각형으로 구성되며 epm 단위로 계산된 자료를 이용하여 도시한다.

05. 벤젠 20kg으로 오염된 토양을 원위치 생물학적 복원기술에 의해 정화하고자 한다. 다음 조건에 의해 벤젠이 완전분해 되는데 필요한 산소를 과산화수소로 공급하고자 한다. 필요한 과산화수소의 양(kg)을 구하시오.

$$C_6H_6 + 7.5O_2 \rightarrow 6CO_2 + 3H_2O$$
$$2H_2O_2 \rightarrow 2H_2O + O_2$$

06. 토양부지오염도 평가 중 적용성 평가인 벤치 테스트와 (   )을(를) 쓰시오.

07. 토양수분의 물리학적 분류를 4가지 쓰시오.

08. 투과벽의 두께는 3m이고 다르시(darcy)속도는 0.2m/day, 공극률 0.4이고 초기농도 1mg/L, 반응속도상수 0.5/day일 때, 벽을 통과한 후의 농도는 얼마인가?

09. 전체면적이 2,000km²인 지역에서 비소의 오염지역 정화면적을 구하시오.

- 빨강부지 : 10%
- 노랑부지 : 25%
- 초록부지 : 25%
- 파랑부지 : 40%

10. 토양의 공극률이 0.5, 100m를 이동하는데 1년이 소요되었다면, 지연 시 100m를 이동하는데 걸리는 시간(year)을 구하시오. (단, 지연계수이용, 흡착계수 0.23L/kg, 토양용적밀도 2.5kg/L)

11. 토양 내 오염물질(TPH)이 8,000ppm 있다. 이 오염물질이 2,000ppm으로 되는데 걸리는 시간(day)은? (단, 1차 반응속도상수는 0.022day^{-1})

12. 대수층에서 지하수의 이동속도를 수리전도도를 이용하여 구하는 Darcy 법칙 및 각 변수를 설명하시오.

13. 지하매설저장시설의 자동누출검사방법 4가지를 쓰시오. (예시 전자석 측정법, 예시는 답안에서 제외)

14. 오염물질이 누출되어 토양에서의 오염농도는 10mg/kg, 토양밀도 1600kg/m^3, 토양수분에서의 오염농도는 0.5mg/L, 수분의 비율 0.05(수분/토양), 토양 공기 중에서의 오염농도 20mg/m^3, 토양공기의 비율 0.6(토양공기/토양)일 때 전체 토양오염의 농도(mg/m^3)를 구하시오.

15. 유기독성 물질의 미생물 분해반응의 종류 6가지 화학식에 맞는 반응을 찾아 빈칸을 완성하시오.

반응식	RX + H_2O → ROH + H^+ + X^-	( )
반응식	CCl_4 → $HCCl_3$ → H_2CCl_2 + Cl^-	( )
반응식	R–COOH → RH + CO_2	( )
반응식	CCl_4 + H^+ + $3e^-$ → $CHCl_3$ + Cl^-	( )
반응식	RCH_3 → RCH_2OH → RCHO → RCOOH	( )
반응식	CCl_3CH_3 → CCl_2CH_2 + HCl	( )

가. 가수분해반응   나. 탈염소반응   다. 분할
라. 산화반응   마. 환원반응   바. 탈수소할로겐화 반응

16. Bio Sparging 복원방법에서 Ferrous Iron(Fe^{2+})이 10mg/L 이상에서는 적합하지 않은 이유를 쓰시오.

17. 토양오염의 위해성 평가에서 건강위해성 평가의 과정 4단계를 쓰시오.

18. 토양공기와 대기와의 차이점 3가지를 쓰시오.

CHAPTER 03 2020년 제4회 토양환경기사 필답형

01. 유류 500L가 유출되었다. 토양 중 유류의 농도가 3,000mg/kg일 때 불포화대만 오염되었는지, 불포화대와 지하수층 모두 오염되었는지 판단하고 지하수층이 오염되었다면 지하수층 내 오염농도(mg/L)는 얼마인가? (단, 토양오염밀도 = 1600kg/m³, 오염토양부피 = 100m³, 유류밀도 = 960kg/m³, 대수층부피 = 100m³, 공극률 = 0.5)

02. 시료채취심도는 원칙적으로 7심도를 기본으로 한다고 한다. 7심도의 깊이를 기술하시오.

03. 토양정밀조사지침에 따른 오염등급을 구분할 때 아래의 빈칸을 완성하시오.

등급	등급기준	색 구분	예시
I	토양오염우려기준의 40%(중금속과 불소는 70%) 이하인 지역	( )	4(7) 이하
II	토양오염우려기준의 40%(중금속과 불소는 70%) 초과부터 토양오염우려기준 이하인 지역	( )	4(7) 초과 10 이하
III	토양오염우려기준 초과부터 토양오염대책기준 이하인 지역	( )	10 초과 20 이하
IV	토양오염대책기준 초과지역	( )	20 초과

04. Langmuir 등온흡착식을 쓰고, 알파(a), 베타(b)의 의미를 쓰시오.

05. 원위치(In-Situ) 처리공법 중 물리·화학적 처리공법 3가지와 각 공법별 원리를 설명하시오.

06. 다공질매체 내 오염물질의 이동에 관계되는 주요 메커니즘 3가지를 기술하시오.

07. 동전기 정화기술 현상 2가지를 쓰고 이에 대해 기술하시오. (예시 전기 이동 : 전기 경사에 의한 전하를 띤 화학물질의 이동, 예시내용은 답안에서 제외됨)

08. 투과벽의 두께는 5m이고 다르시(darcy)속도는 0.1m/day, 공극률 0.3이고 초기농도 2mg/L, 반응속도상수 0.5/day일 때, 벽을 통과한 후의 농도는 얼마인가?

09. 입자의 용적비중이 1.5이고 입자비중이 2.0일 때 토양의 공극률(%)을 구하시오.

10. 점토광물 중 스멕타이트(Smectite)는 지하수 중 오염물질의 이동을 제지할 가능성이 아주 크다. 스멕타이트(Smectite)의 구조를 설명하고, 오염물질의 이동을 제지할 수 있는 이유를 기술하시오.

11. 미복원

12. 미복원

13. DNAPL을 설명하고 대표적인 오염물질 종류 2가지를 쓰시오.

14. 투기된 매립지로부터 침출수가 지하수로 흘러들어 이동하고 있다. 매립지의 침출수위가 12m이고, 이로부터 300m 떨어진 하천의 평시수위는 1m라고 할 때, 침출수가 유입된 직후 하천에 도달하는데 걸리는 시간(월)은? (단, 이동구의 투수계수 1×10^{-3}cm/sec, 흙의 공극률 0.34, 한달은 30일 기준이다.)

15. Water fracturing의 원리와 적용 지반에 대하여 서술하시오.

16. 입경에 따라 토성을 구분한다. 아래 빈칸을 완성하시오.

0.05~2mm	( )
0.002~0.05mm	( )
0.002mm 이하	( )

17. 초기 TPH 오염농도가 5,000ppm이고, 1차 분해반응으로 4,000ppm이 되는데 7일이 소요된다. 오염농도가 100ppm이 될 때까지 소요되는 시간(day)은? (단, day는 정수로 표시할 것)

18. 기름으로 오염된 지하수를 처리하기 위하여 유수분리기를 설계하고자 한다. 기름의 입경은 0.15mm, 기름의 밀도는 0.92g/cm³, 물의 밀도는 1g/cm³, 물의 점성도는 0.01g/cm·sec일 때 기름의 부상속도(cm/min)를 Stoke's의 법칙을 이용하여 구하시오.

CHAPTER 04 2021년 제1회 토양환경기사 필답형

01. 완전혼합흐름 반응조(CFSTR)의 정상흐름상태의 아래의 인자만을 사용하여 물질수지식을 유도하시오. (단, 1차반응) (8점)

인자
Q, $\forall$, C_{in}, C_{out}, t, K

(1) 유도식

(2) 관계식

02. 디젤이 지하에 누출되어서 주변 지하수를 오염시켜 약 25,000m³(100m × 50m × 5m)의 디젤 오염원이 지하에 형성되었다. 디젤의 밀도는 0.85g/m³이고, 오염원이 형성된 대수층의 공극률이 30%였다. 오염원 내 지하수의 평균 디젤 농도가 5mg/L였다면, 오염원을 형성한 지하수 내 디젤량(kg)은 얼마인가?

03. 토양증기추출법(SVE)과 바이오벤팅에 대해 설명하시오.

04. 휘발성 유기물질의 처리를 위해 Bioventing의 적용성 시험을 하였다. 다음의 자료를 활용하여 평균산소소모율 (단위: % O_2/day)을 계산하시오. (5점)

- 주입공기유량 : 16.67m^3/hr
- 초기산소농도 21%
- 배기가스의 산소농도 10%
- 시험용 토양의 부피 2,000m^3
- 토양의 공극률 0.3

05. 직경 0.025m, 길이 1m인 관에 0.1m^3/min의 유량이 흐를 때 발생되는 관의 마찰손실수두를 구하시오. (단, 마찰손실계수는 0.03이다.) (최종 정답은 소수점 첫째자리까지 구하시오.) (6점)

06. 헥산 생물학적 생분해 시 산소주입량이 3mol/day일 때, 헥산의 생물학적 분해속도(g/day)를 구하시오.

07. 페놀로 오염된 지하수를 과산화수소(H_2O_2)와 철촉매(Fe^{2+})를 사용하여 처리하고자 한다. 예비시험결과 99% 제거 시 각각 과산화수소와 철의 필요량이 2.5(g H_2O_2/g penol), 0.05(mg Fe^{2+}/mg H_2O_2)임을 알았다. 오염 현장의 페놀의 오염농도가 6,000mg/L이고 추출된 지하수의 유량이 10,000L/day일 때 필요한 과산화수소와 철촉매(Fe^{2+})의 양(kg/day)은? (단, 비중 1.0, 페놀제거율 99% 기준임) (5점)

08. 자연정화법의 감소 메커니즘 4가지를 쓰시오. (4점)

09. 아래는 위해성평가의 관리단계이다. 빈칸에 알맞은 말을 넣으시오.

> 1. 오염범위 및 노출농도 결정
> 2. (   )
> 3. (   )
> 4. (   )
> 5. 인체위해도에 근거한 정화목표치 설정
> 6. 조치 계획 작성

10. 동전기 정화법의 장점 5가지를 쓰시오.

11. 빈칸을 완성하시오.

    > 탄소는 산화형은 (　　) 환원형은 (　　), 질소는 산화형은 (　　) 환원형은 (　　) 환원이 심해 탈질될 때는 (　　) 이다.

12. 토양세척법의 장점 4가지를 쓰시오.

13. 탄소원과 에너지원으로 구분되는 미생물의 종류 4가지를 쓰시오.

14. 지하수 1,000m³ 중에 페놀이 20mg/L의 농도로 함유되어 있다. 이를 활성탄으로 처리하여 1mg/L까지 낮추기 위해 소요되는 활성탄의 양(kg)을 구하시오. (단, Freundlich 흡착등온식을 이용하고 K는 0.5, n은 1을 적용)

15. 휘발유를 운반하는 파이프라인이 투수계수가 150m/day이며 유효공극률이 0.3인 대수층 바로 위로 설치되어 있으며 휘발유가 새고 있다고 가정하자. 이 대수층이 수리구배가 0.015m/m일 때 250m 떨어진 우물에서 휘발유가 검출될 때까지의 소요시간(hr)은? (단, 기타조건은 고려하지 않음)

16. 오염토양의 입도분포를 분석하여 D10은 0.0035mm, D30은 0.005mm, D50은 0.10mm, D60은 0.15mm, D90은 0.32mm와 같은 결과를 얻었다. 이 오염토양의 균등계수(C_u)와 곡률계수(C_z)는 각각 얼마인가?

17. 토양오염정밀조사에 관한 내용이다. 빈칸을 완성하시오. (5점)

> 산업단지에 오염지역을 조사할 때에 면적이 (㉠)m² 이하일 경우에는 (㉡)m²마다 1개 이상 지점으로 하고, (㉠)를 초과할 경우에는 (㉢)m²당 1개 지점을 추가로 채취한다.

18. 토양경작법과 바이오파일의 공기주입방법에 대해 설명하시오.

2021년 제2회 토양환경기사 필답형

01. 아래의 입경분포 그래프를 이용하여 토양의 균등계수를 산출하시오. (답은 소수점 둘째자리까지 산출하시오.) (6점)

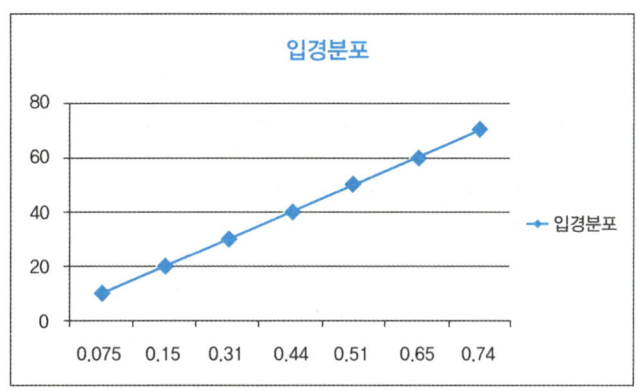

02. 토양환경평가는 크게 3단계로 실시된다. 각 단계의 명칭을 쓰시오. (3점)

> 토양환경평가는 (1), (2), (3)로 구분하여 단계별로 실시한다.

03. 바이오벤팅 공법을 적용하여 옥탄(C_8H_{18}, 분자량 114)을 생물학적 완전분해하고자 한다. 산소주입량이 3mol/d인 경우 오염물질 생물학적 분해 속도를 구하시오. (6점)

04. 다음 중 폭발성 물질을 처리하기에 가장 적합한 기술 4가지만 골라쓰시오. (4점)

05. 헨리상수에 대해 기술하고 토양증기추출법과의 관계를 설명하시오. (6점)

   (1) 헨리상수의 정의

   (2) SVE로 오염물질을 정화할 경우 처리효율과 헨리상수 관계

06. 양수처리방법에 의한 정화를 계획하고 있다. 불포화 토양에 존재하고 있는 오염물로부터 침출수 하루 100L씩 180mg/L의 농도로 흘러나와 지하수에 혼합되고 있다. 이 오염지역 지하수의 darcy속도가 0.1m/d이고, 대수층 단면적이 40m^2일 경우 지하수의 오염물질 농도(mg/L)를 구하시오. (단, 지하수 내 오염물은 존재하지 않으며, 최종답은 소수점 첫째자리까지 구하시오.) (5점)

07. 현재 토양 내 유류농도가 50mg/kg이고 1차 반응에 의해 자연분해될 경우, 유류농도가 10mg/kg까지 감소되는 데 걸리는 시간(day)을 구하시오. (k=0.006/d) (6점)

08. 토양경작법에 대해 설명하시오. (4점)

09. 일반지역의 토양시료 채취지점 선정에 대해 농경지와 농경지가 아닌 기타 지역을 구분하여 괄호에 알맞은 말을 쓰시오. (8점)

> ① 농경지의 경우 : 대상지역 내에서 (　　　)형으로 5~10개 지점을 선정한다.
> ② 농경지 이외 지역(공장지역, 매립지역, 시가지 지역 등) : 대상지역의 중심이 되는 (　)개 지점과 주변 (　)방위의 5~10m 거리에 각 (　)개 지점씩 총 (　)개 지점을 선정하되, 대상지역에 시설물 등이 있어 지점간의 간격이 불충분할 경우에는 간격을 적절히 조절할 수 있다.

10. 불포화 토양층은 모세관 압력에 의해 물을 흡입한다. 모세관 압력은 표면장력, 토양공극반지름과 어떤 관계에 있는지 비례/반비례 구분하여 쓰시오. (4점)

11. 휴·폐광산지역 개황조사 시 괄호에 알맞은 말을 쓰시오. (3점)

> 표토(지표면 하부 15cm까지를 말한다.)
> 시료채취 지점수는 오염가능지역의 면적이 100,000㎡ 이하일 경우에는 (　㉠　)㎡당 1개 이상의 지점으로 하고, (　㉡　)㎡를 초과할 경우에는 100,000㎡까지는 10,000㎡당 1개 이상의 지점과 (　㉢　)㎡을 초과할 때부터는 (　㉢　)㎡당 1개 이상의 지점을 선정

12. 오염부지 평가결과 오염노출지역 토양의 밀도가 1.8g/cm³, 오염농도가 4,000mg/kg, 오염범위가 10m×25m×3m라면 오염물질의 양(kg)은? (6점)

13. 열탈착 기술에서 분자량과 휘발성, 오염기간과 탈착속도와의 관계를 비례, 반비례 구분하여 쓰시오. (6점)

14. 대수층의 I(동수경사) = 0.01, k(투수계수) = 1m/d, 공극률이 0.4일 때, 지하수의 1년간 이동거리(m)를 구하시오. (6점)

15. 토양오염물질 5가지를 쓰시오. (단, 환경부장관이 지정하는 물질들은 제외한다) (5점)

16. 벤젠으로 오염된 토양의 PNEC(ppb)를 아래의 식을 이용하여 구하시오. (단, 벤젠의 log(k_{oc})는 1.8, PNECaqua는 10ppb) (8점)

> 식 PNECsoil = (0.174 + 0.0104 × K_{oc}) × PNECaqua

17. 지하수 1,500m³ 중에 페놀이 24mg/L의 농도로 함유되어 있다. 이를 활성탄으로 처리하여 1mg/L까지 낮추기 위해 소요되는 활성탄의 양(kg)을 구하시오. (단, Freundlich 흡착등온식을 이용하고 K는 0.5, n은 1을 적용) (6점)

18. 100m³의 오염토양을 처리하기 위하여 토양을 물로 포화시키려 한다. 토양의 함수비는 10Wt%이고 건조단위 중량은 1.7g/cm³, 토양입자비중 2.7, 물의 단위중량 1g/cm³일 때 첨가해야 할 물의 양은 몇 ton인가? (8점)

CHAPTER 06 2021년 제4회 토양환경기사 필답형

01. 식물정화법 처리기작 6가지를 쓰시오. (6점)

02. 공극률과 관련된 아래 물음에 답하시오. (8점)
  (1) 공극률의 정의

  (2) 공극비와 공극률의 관계식

  (3) 공극률이 0.3인 토양의 공극비(%)를 구하시오.

03. 소각과 열탈착 기술의 차이점과 열탈착기술이 갖는 장점 4가지를 쓰시오. (6점)
  (1) 차이점

  (2) 장점 4가지

04. 가소성의 정의에 대하여 서술하고 가소성이 열탈착에 미치는 영향 2가지를 쓰시오. (4점)

  (1) 토양 가소성

  (2) 열탈착에 미치는 영향 2가지

05. 시료채취 등 조사지점 선정에 대하여 개황조사 또는 정밀조사 방법에서 별도의 규정이 없는 경우에는 시료채취밀도를 고려하여 아래 방법에 준하여 선정하는 것을 원칙으로 한다. 아래 두 그림에 해당하는 방법을 쓰시오. (4점)

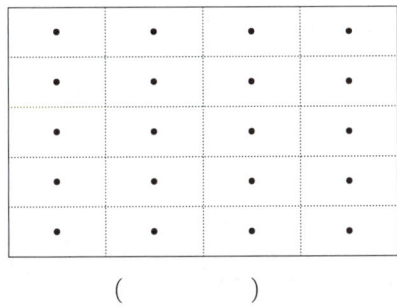
(   )

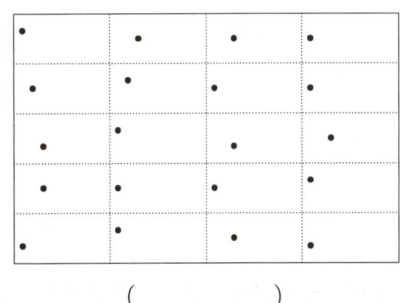
(   )

06. 토양 층위를 지표면으로부터 지하의 순서대로 기호와 각층의 설명을 쓰시오. (5점)

07. 옥탄올-물 분배계수(K_{ow})의 정의에 대하여 서술하고 K_{ow}가 작은 경우와 큰 경우 이동성과 연관지어 설명하시오. (6점)

08. 토양증기 추출법의 현장 적용을 위해 오염물의 특성을 판단하기 위한 주요 물리·화학적 인자 4가지를 쓰시오. (6점)

09. 토양세척법에 계면활성제를 넣는 이유 2가지를 쓰시오. (4점)

10. 오염된 토양에 자연저감법 적용 시 사후모니터링 항목 3가지를 쓰시오. (6점)

11. 토양오염의 위해성 평가에서 건강위해성 평가의 과정 4단계를 쓰시오. (4점)

12. 시료의 채취 및 보관과 관련하여 아래 빈칸을 채우시오. (6점)

> 벤젠, 톨루엔, 에틸벤젠, 크실렌, 트리클로로에틸렌 및 테트라클로로에틸렌 시험용 시료의 경우, 시료부위의 토양을 즉시 한쪽이 터진 10mL 정도의 스테인리스, 알루미늄 또는 (　　) 재질의 주사기 또는 (　　　)를 사용하여 3곳에서 각각 약 2mL씩 채취한 5~10g의 토양을 미리 준비한 시험관에 넣고, 마개로 막아 밀봉한 후 0~4℃의 (　　　) 상태로 실험실로 운반한다.

13. A, B 지점 수두차 5m, 길이격차 100m, 대수층 두께 10m, 폭 5m, K : 0.1m/day일 때 Q는(m³/day)? (5점)

14. 저장탱크시설에서 벤젠이 누출되어 대수층에 용해된 농도가 1mg/L였다. 이 때 벤젠의 양(kg)은 얼마인가? (6점)

   [조건]
   • V : 10,000m³,   • 공극률 : 0.3

15. 지하저장탱크 철거공사시 발생한 오염토양의 양은 8,300m³이다. 오염토양의 공극률은 35%, 초기 수분포화도의 15%를 생물학적 정화기술의 최적 수분포화도인 70%로 조절하기 위해 필요한 수분의 초기 소요량(L)을 구하시오. (5점)

16. 톨루엔 농도 150mg/kg, 오염토양질량 1,500kg, 물 10,000L, 토양에 대한 물의 분배계수는 3.38L/kg의 평형상태일 때 톨루엔 농도(mg/kg)를 구하시오. (6점)

17. 토양 컬럼실험을 진행하였더니 아래와 같이 결과가 나왔다. 동일한 조건의 컬럼에서 경유가 통과될 경우의 수리전도도(m/day)를 구하시오. (6점)

> [조 건]
> - 물 점도 : 1×10^{-3} Pa·sec
> - 경유의 점도 : 76×10^{-3} Pa·sec
> - 물 비중 : $1,000 kg/m^3$, 경유 비중 : $825 kg/m^3$
> - 물의 수리전도도(K) : 3m/day

18. 유기탄소 농도 400ppb, 비중 1g/ml, K_{oc}(유기탄소분배계수) : 300ml/g, f_{oc} : 0.5%일 때 대수층에 흡착된 농도는(mg/kg)? (7점)

2022년 제1회 토양환경기사 필답형

01. 트라이클로로에틸렌으로 오염된 지하수의 헨리상수는 9.1×10^{-3} atm·m³/mol이고, 몰분자량은 131.38g/mol, 부분압력은 0.05atm이다. 이때 지하수의 트라이클로로에틸렌의 농도는(mg/L)?

02. 기름의 입경 0.2mm, 밀도 0.92g/cm³, 물의 밀도 1g/cm³, 물의 점성도 0.01g/cm·s인 지하수를 처리하는 수심 3m인 중력식 유수분리조가 있다. 기름이 수표면까지 부상하는 데는 몇 분이 소요되는가? (stoke's 법칙 이용)

03. 고형화/안정화 방법의 특징 4가지를 쓰시오.

04. 헥산의 호기성 분해 반응식을 쓰시오.

05. 과수원에서 물질 A가 2.3mg/kg 검출되었고 오염등급의 구분상 녹색에 해당되었을 때, 물질 A에 포함되는 오염물질에 해당되는 것을 모두 작성하시오.

〈토양오염우려기준〉

오염물질(mg/kg)	1지역	2지역
유기인	10	10
수은	4	10
카드뮴	4	10
6가 크롬	5	15

06. 어느 지역의 토양 공극률은 40%이며, 토양 용적 밀도는 1.3g/cm³이다. 이 지역의 토양 단위 입자 밀도(g/cm³)를 구하시오.

07. PCB를 기체크로마토그래피로 분석할 때 사용되는 검출기를 쓰시오.

08. 초기 농도 8,000mg/kg을 800mg/kg로 줄이기 위해 완전혼합반응기에서 처리하고자 할 때 반응조에서의 체류시간(hr)을 구하시오. (단, 1차 반응속도 상수(K)는 0.4/hr)

09. 토양환경평가에 대한 아래 물음에 답하시오.

   1) 토양환경평가의 3단계를 쓰시오.

   2) 면적이 1800m² 일 때 채취지점의 수를 쓰시오.

10. 토양수분장력을 pF와 관련하여 설명하고, 토양수분 분류를 pF 크기 순서대로 나열하시오.

   (1) 토양수분장력(pF)

   (2) 토양수분의 pF 크기 순서

결합수, 모세관수, 흡습수, 중력수

11. 토양오염의 위해성 평가에서 건강위해성 평가의 과정 4단계를 쓰시오.

12. 토양증기추출법에서 사용되는 장치 4가지를 쓰시오.

13. 아래의 물음에 답하시오.

　　(1) 3가 비소와 5가 비소 중 독성이 더 강한 것은 어느 것인가요?

　　(2) 3가 비소와 5가 비소 중 이동성이 더 큰 것은 어느 것인가요?

　　(3) Fe/As의 비와 As의 이동성 관계에 대해 간단하게 작성하시오.

14. 아래 〈보기〉의 빈칸을 완성하시오.

> **보기**
>
> 누출검사대상시설 및 이와 연결된 지하매설배관은 질소 등 불활성 가스를 사용하여 $0.2kgf/cm^2$의 시험압력으로 가압한 후 (　　)동안 유지시켜 안정된 시험압력을 확인하고, 그 후 (　　) 동안의 압력변화를 측정한다. '안정된 시험압력'이라 함은 가압 후 유지시간 동안 압력강하가 시험압력의 (　　) 이하인 압력을 말한다.

15. 토양시료 $100cm^3$을 채취하여 건조토양입자만 측정하였더니 $60cm^3$이었다. 이것을 원통(직경 5cm)에 채워 물로 포화시킨 후 물은 유량 $0.2cm^3/s$로 보내었다. 아래 물음에 답하시오. (단, 동수구배는 0.2)

　　(1) 수리전도도를 구하시오.

　　(2) 원통 길이 1m일 때 통과시간(hr)을 구하시오.

16. 아래 내용의 빈칸을 완성하시오.

> 토양오염물질(유류 등)의 누출이 인지되거나 토양오염의 개연성이 높은 3개 지점을 선정하되, 저장시설의 끝단으로부터 수평방향으로 (   ) 이상 떨어진 지점에서 이격거리의 (   )배 깊이까지로 한다. 다만, 방유조 외부에서 시료를 채취하고자 할 경우에는 방유조 끝단을 기준으로 한다.

17. 미생물 최대비증식속도가 $0.8hr^{-1}$, 제한기질 농도가 150mg/L, 반포화농도가 60mg/L일 때 세포의 비증식속도를 구하시오. (Monod식)

18. 지하수로 유류 0.5L가 유출되었다. 지하수 내 유류 농도(mg/L)를 구하시오.

> - 대수층 부피 : 50m × 40m × 5m
> - 물의 밀도 : $1g/cm^3$
> - 공극률 : 40%
> - 유류비중 : 0.94

2022년 제4회 토양환경기사 필답형

※ 각 문제당 배점은 5점

01. 식물체 성장에 따라 정화하는 방법과 해당 방법에 많이 활용되는 식물, 효과적으로 제거할 수 있는 오염물질을 각 1가지씩 기재하시오.

02. 저장시설 끝단에서 수평 1m 부근에서 시료 채취할 때 총 지점이 몇 군데인가?

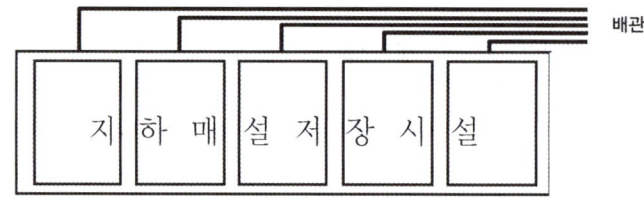

03. 식물을 제외하고 인간, 동물, 수생생물 및 조류에 영향을 미치는 중금속 3가지를 쓰시오. (예시 크롬, 셀레늄, 예시는 정답에서 제외)

04. 토양수분의 물리학적 분류 3가지를 쓰시오.

05. 폐기물매립지역 개황조사 시 괄호에 알맞은 말을 쓰시오.

> 표토(지표면 하부 15cm까지를 말한다.)
> 시료채취 지점수는 오염가능지역의 면적이 10,000m² 이하일 경우에는 (㉠)m²당 ( )개 이상의 지점으로 하고, 10,000m²를 초과할 경우에는 (㉡)m²당 1개 이상의 지점을 추가한다.

06. 지하매설저장시설 내 배관으로부터 1.2m 지점에서 토양시료를 채취하였다면 토양시료 채취지점에서 최대한의 시료채취 깊이(m)는?

07. 시료 분석의 정도관리 및 보증을 2단계 부지환경평가에서 실시하는 이유를 쓰시오.

08. 토양을 6단계로 분류하시오.

09. 송유관 시설 토양오염도 검사항목 5가지를 쓰시오.

10. 생분해과정 5단계를 순서대로 나열하시오.

> [보기]
> 탈질화, 황산염 환원, 3가철 환원, 메탄 산화, 호기성 산화

11. 토양 내 벤젠 농도(mg/kg)를 구하시오.

- 벤젠농도 : 0.4mg/L
- 흡착계수 : 1.66L/kg

12. 1차반응식에 따르는 오염물질 6,000mg/kg이 4,500mg/kg 되는데까지 30일이 걸렸다. 500mg/L으로 되는데까지 걸리는 시간(day)은 얼마인가?

13. 환경부에서 고시하는 토양정밀조사 지역 3가지를 쓰시오.

14. 유류 부지일 때, 4개 보기(바이오벤팅, 공기분사, 생분해, 흰빛썩음곰팡이)를 양호, 보통, 불가로 구분하시오.

15. 아래 인자를 이용하여 토양수분(%)의 계산식을 쓰시오.

    - W_1 : 증발접시 무게
    - W_2 : 시료를 담은 건조 전 증발접시 무게
    - W_3 : 시료를 담은 건조 후 증발접시 무게

16. 토양세척방법에서 오염물질 제거에 영향을 미치는 물리·화학적 특성 2가지를 쓰시오.

17. 아래의 내용은 토양환경평가지침의 정밀검사 최종보고서 단계이다. 빈칸에 알맞은 말을 쓰시오.

    요약문 – 서론 – 배경 – 조사방법 – 결과 – (   ) – 고찰 – 부록

18. 총 석유계탄화수소(TPH)의 분석법과 검출기를 쓰시오.

    (1) 분석법

    (2) 검출기

19. 우리나라에 분포하고 있는 토양목 3가지를 쓰시오. (단, 안디졸(Andisols)은 제외하고 기술하시오.)

20. 오염 토양 반경 30m, 추출정 반경 5m일 때, 추출정의 개수를 구하시오.

CHAPTER 09　2023년 제1회 토양환경기사 필답형

01. 토양오염복원기술의 평가 선정 4단계를 서술하시오.

02. TCE pool의 높이(cm)를 구하시오.

[조건]
- 반경 : 0.02mm
- 표면장력 : 34.7 dyne/cm
- TCE 옥탄올-물 분리계수 : 2.42
- TCE의 밀도 : 1.47g/cm³
- 물의 밀도 : 1g/cm³
- 중력가속도 : 9.8m/sec²
- 접촉각은 무시

03. 요오드화칼륨 20W/V% 용액을 조제하는 방법을 쓰시오.

04. 오염토양의 생물학적 복원방법 3가지를 쓰고 간략히 설명하시오.

05. 추출정 A, B, C가 있다. A와 B 사이의 거리는 40m, B와 C 사이의 거리는 50m이고 수리전도도는 각각 1.0m/day, 2.0m/day이다. A, C의 수두깊이가 각각 20m, 16m일 때 B의 수두(m)를 구하시오.

06. 지하수로 경유 2L가 유출되었다. 지하수 내 유류 농도(mg/L)를 구하시오.

> 조건
> • 대수층 부피 : 50m × 40m × 5m
> • 공극률 : 0.5
> • 물의 밀도 : 1g/cm^3
> • 유류비중 : 0.9

07. 토양세척법의 제약조건 3가지에 대해 기술하시오.

08. 인체에 농축되는 독성물질의 양(mg)을 구하시오.

> 조건
> • 농도 : 50mg/kg
> • 노출기간 : 30년
> • 접촉율 : 0.2/day
> • 흡수분율 : 5%

09. 환경부에서 고시하는 토양정밀조사 지역 2가지를 쓰시오. (단, 환경부장관이 고시하는 지역은 제외)

10. 토양의 질을 판단하는 기준은 물리적, 화학적 인자로 구분된다. 아래 〈보기〉의 빈칸을 완성하시오.

> 보기
>
> 1) 물리적 인자
>   수분 투수성, 수분 통기성, 지반구조, (㉠), (㉡), (㉢)
> 2) 화학적 인자
>   염기포화도, 생물활성도, (㉣), (㉤)

11. 괄호 안에 알맞은 수치나 용어를 쓰시오.

> 분석용 시료 5g을 달아 50ml 비이커에 취하고 증류수 (   )ml를 넣어 때때로 유리막대로 저어주면서 (   )시간 방치 후 pH 미터를 pH 표준액으로 잘 맞춘 다음 깨끗하게 씻어 말린 유리 전극 및 표준 전극을 넣고 (   )초 이내로 읽는다.

12. 토양증기추출공정(SVE)에서 추출된 가스의 유량이 120m³/min이고 활성탄흡착탑에 통과시킬 때 처리유속이 1m/sec이다. 활성탄흡착탑의 단면적(m²)을 구하시오.

13. 오염토양의 처리장소를 위치에 따라 구분하고, 그 중 하나는 2가지 방식으로 구분하시오.

14. 아래 내용은 개황조사 시료채취과정이다. 〈보기〉의 빈칸을 완성하시오.

   〈보기〉

   심토 - 오염사고 발생지역

   사고로 토양오염물질이 누출된 경우 누출 및 확산우려 지역을 중심으로 지질특성을 고려하여 시료채취 깊이를 (㉠)m 이상으로 하되, (㉠)m까지는 (㉡)cm, (㉠)m 초과 지점은 (㉢)m 간격으로 시료를 채취한다.

15. BTEX를 GC/MS를 이용하여 분석 시 1차 이온과 2차 이온을 사용하는 이유에 대해 서술하시오.

16. 바이오벤팅 공정에서 중온미생물의 생육에 적합한 온도와 pH를 쓰시오.

17. 아래 〈보기〉에서 설명하는 지하수 복원기술을 쓰시오.

> [보기]
> 오염물질과 반응물질의 화학반응을 유도하여 오염물질을 제거하는 기술로 오염된 지하수의 흐름은 유지하면서 오염물질만 이동을 방지, 제거하는 방법이다.

18. 행잉슬러리월(Hanging slurry wall)을 적용할 수 있는 토양구조에 대해 설명하시오.

2023년 제2회 토양환경기사 필답형

※ 문제배점은 모두 5점

01. 투기된 매립지로부터 침출수가 지하수로 흘러들어 이동하고 있다. 매립지의 침출수위가 12m이고, 이로부터 300m 떨어진 하천의 평시수위는 1m라고 할 때, 침출수가 유입된 직후 하천에 도달하는데 걸리는 시간(월)은? (단, 이동구의 투수계수 1×10^{-3}cm/sec, 흙의 공극률 0.34, 한달은 30일 기준)

02. 모래, 실트, 점토 토양의 이화학적 특징에 대해 기술하시오.

  1) 모래

  2) 미사

  3) 점토

03. 불포화토양의 휘발성 유기오염물질에 가장 효과적인 기술의 명칭을 쓰시오.

04. 다음 각 오염물질에 노출 시 발생되는 질병을 쓰시오.

① 카드뮴

② 수은

③ PCBs

④ 질산성질소

05. 오염토양에 열탈착공법을 적용 시에 분자의 크기, 휘발성, 오염경과시간과 열탈착 속도를 비교하여, 비례인지 반비례인지 표시하시오.

○ 분자의 크기 :

○ 휘발성 :

○ 오염경과시간 :

06. 투수량계수는 $6m^2$/일이고, 수리전도도가 0.3m/일이다. 대수층의 두께(m)는?

07. 토양오염을 천분위 단위로 나타내는 기호를 쓰시오.

08. 항공유, 등유, 경유, 중유, 윤활유, 원유 등을 저장하고 있는 시설의 검사항목을 모두 쓰시오.

09. 내재투수계수가 1.3darcy이고, 물 온도가 25℃일 때, 물의 밀도는 $1g/cm^3$, 물의 점도는 0.00890poise이다. 물 온도가 25℃일 때의 수리전도도(m/s)는? (단, 최종답은 소수 넷째자리에서 반올림하시오.)

10. 빈칸에 들어갈 말을 쓰시오.

  ○ 수집, 저장, 갱신, 처리 분석하는 (　　) 기술 :

  ○ 지구 전지역의 위치와 시간을 측정하는 (　　) 기술 :

  ○ 목표물에 접촉하지 않고 대상물을 판독, 해석할 수 있는 (　　) 기술 :

11. 다음 처리기술이 설명하는 명칭을 쓰고, in-situ / ex-situ / in-situ&ex-situ인지 표시하시오.

    1) 불포화토양층에 공기를 공급하여 미생물의 활성을 촉진하여 생분해도를 극대화하여 정화하는 기술

    2) 식물에 의한 추출, 분해, 안정화를 통해 오염물질을 정화하는 기술

    3) 지중에서 희석, 휘발, 생분해, 흡착, 지중물질과의 화학반응 등에 의하여 오염물질 농도가 허용 가능한 수준으로 유도하는 기술

12. 30m 지점마다 A와 B가 있고, A의 수위는 12m, 수리전도도는 0.2m/s, 유속은 0.008m/sec이다. B의 수위(m)는?

13. 토양증기추출법(SVE)의 적용 제한인자(제약조건)에 대해 기술하시오. (단, 4가지)

14. 열탈착 및 소각기술의 부산물로 발생되는 2차 오염원 3가지와 각각의 기본적인 제어장치를 쓰시오.

    ○ (   ) :

    ○ (   ) :

    ○ (   ) :

15. 미복원

16. 자유면 대수층의 면적 5,000,000cm^2, 저류계수 0.25인 지하수의 수위가 가뭄으로 0.6m 하강하였다면 손실된 지하수량(L)은?

17. 토양 공극률은 0.3, 토양입자밀도는 2.65g/cm^{3}이다. 토양용적밀도(g/cm^3)는?

18. 토양오염 개선대책이 필요한 지역을 개황조사하려고 한다. 괄호에 알맞은 말을 쓰시오. (단, 매립지역 기준)

표토
시료채취 지점수는 오염가능지역의 면적이 (㉠)㎡ 이하일 경우에는 (㉡)㎡당 1개 이상 지점으로 하고, 1,000㎡를 초과할 경우에는 (㉠)㎡까지는 (㉡)㎡당 1개 이상의 지점과 1,000㎡을 초과할 때부터는 (㉢)㎡당 1개 이상의 지점을 선정한다.

심토
표토 시료 수 3개 지점 당 (㉣)개 지점 이상 비율로 채취(최소 1개 지점 이상)하며, 그 깊이는 원칙적으로 지표면에서 15m 깊이까지로 하여 2.5m 이내 간격으로 (㉤)점 이상의 시료를 채취하되, 15m 이내에서 암반층이 나타나면 그 깊이까지로 한다.

19. 토양시료 20g(건조토양 15g)을 10㎖로 알코올 용해하고, 40㎖씩 두 번 추출한다. 헥산층을 250㎖ 분별깔때기에 옮겨 용해 후, 헥산은 모두 휘산하고, 플로리실 컬럼과 실리카겔 컬럼 통과 후, 70mL는 모두 휘산하고, 10㎖ 부피플라스크에 넣는다. 2µL를 기체크로마토 그래프 분석을 하여, 분석농도가 1.5ng일 때, 토양 중 다이아지논 함량(mg/kg)은?

20. 토양수분의 물리학적 분류 4가지를 쓰시오.

CHAPTER 11 2024년 제1회 토양환경기사 필답형

01. 물보다 비중이 큰 DNAPL의 이동 특성 2가지를 쓰시오.

02. 토양의 공극률이 0.45이고, 입자밀도가 2.65(g/cm³)일 때 용적밀도(g/cm³)를 구하시오. (5점)

03. 지하수 모니터링의 수질조사에 널리 이용되고 있는 삼각수질도식법으로, 하단의 2개 삼각형 중 왼쪽은 주양이온 Na^+, K^+, Ca^{2+}, Mg^{2+}의 농도(epm)를 백분율로 환산하여 도시하고, 오른쪽 삼각형에는 주음이온인 Cl^-, SO_4^{2-}, HCO_3^-, CO_3^{2+} 이온농도(epm)를 백분율로 환산 후 도시하여 양이온과 음이온이 도시된 점을 상부에 있는 다이아몬드형 그래프에 도시하여 지하수의 유형분석과 진화 및 혼합작용을 분석하는데 이용하는 수질도식법의 이름은? (5점)

04. 정화공법을 적용하기 전 확인하는 수리지질적 인자 5가지를 쓰시오. (5점)

05. 토양환경보전법상 아래 오염물질의 '대책기준' 농도를 쓰시오. (단, 1지역 기준) (5점)

(1) TPH

(2) BTEX

06. 오염된 토양에 자연저감법 적용 시 모니터링 항목 5가지를 쓰시오. (5점)

07. 저장물질이 없는 누출검사대상시설에 누출 및 결함여부를 판단하고자 할 때 필요한 장비기준 5가지를 쓰시오. (5점)

08. 저장시설의 부식을 방지하기 위한 전기방식법으로 외면에 전류를 유입시켜 양극반응을 저지함으로써 저장시설의 전기적 부식을 방지하는 방법 2가지를 쓰시오. (5점)

09. 연직차수벽의 종류 3가지를 기술하고 간단하게 설명하시오. (5점)

10. 지하수면 아래 대수층이 TCE에 오염되어 대수층내 오염운이 형성되있다. 오염운의 체적은 10,000m³, 대수층 평균공극율 0.3, 지하수의 평균 TCE농도 1mg/L일 때 채수정 3개를 이용하여 각 채수정당 100m³/day로 오염지하수를 채수한다면, 오염지하수량을 모두 채수하는데 걸리는 시간(day)과 그 기간동안 채수에 의해 지하로부터 제거된 총 TCE양(g)은? (6점)

11. 미복원

12. 토양 내 유류농도가 5,000mg/kg일 때 유출 유류 부피(L)는? (단, 유류 밀도 950kg/m³, 오염토양 밀도 1,600kg/m³, 토양부피 200m³) (5점)

13. 미복원

14. 생물학적 복원기술 중 다음 설명에 해당하는 기술을 적으시오. (5점)

   (1) 서식하는 토착미생물의 활성을 촉진시키기 위해 영양물질, 전자수용체, pH, 온도 등을 조절하여 미생물의 분해를 촉진시키는 기술

(2) 자연계에서 분리한 오염물에 분해능이 우수한 미생물이나 유전공학적으로 변형된 미생물을 공급함으로써 오염물질의 생분해도를 높여 제거하는 기술

15. 기름의 입경 0.15mm, 밀도 0.92g/cm³, 물의 밀도 1g/cm³, 물의 점성도 0.01g/cm·sec인 지하수를 처리하는 중력식 유수분리조가 있다. 기름의 부상속도(cm/min)를 산출하시오. (단, stoke's의 법칙 이용) (5점)

16. 〈보기〉에서 설명하는 토양정화방법을 쓰시오. (5점)

   보기
   물 또는 오염물질의 용해도를 증대시키기 위해 첨가제가 함유된 물을 토양공극내에 주입함으로써 오염물질을 추출하여 처리하는 기술이다. 처리과정에서 물과 세정제(계면활성제, 산·염기, 착염물질)를 첨가하여 용해도를 증가시킬 수 있으며, 양수된 물은 지상에서 후처리 과정을 거친다.

17. 위해성 평가는 위험에 노출시 발생 가능한 영향을 정성 또는 정량적으로 추정하는 과정이다. 위해성 평가의 단계는 (①), (②), (③), 위해도 결정의 4단계로 이루어진다. 괄호 안에 들어갈 내용을 쓰시오. (5점)

18. 오염 토양의 면적 30,000m², 주입정 영향반경이 12m일 때 주입정의 개수를 구하시오. (5점)

19. 바이오벤팅을 적용하기 위한 미생물의 활성 수치를 쓰시오. (5점)

- 미생물의 양 : (㉠) CFU/g – 건조토양 이상
- pH (㉡) ~ (㉢)
- 탄소 : 질소 : 인 = 100 : (㉣) : (㉤)

20. 오염된 지하수를 자연저감법으로 처리하려고 한다. 초기농도는 0.5mg/L, darcy 속도 0.1m/day, k=0.0004/day, 공극률 0.4에서 벤젠이 유하하고 있다. 150m 떨어진 거리에서 오염농도(mg/L)를 구하시오. (단, 0차 반응 기준) (5점)

PART 3

제 3 편
과년도 필답형
기출해설

CHAPTER 01 2020년도 제1회 필답형 해설

01. 해설

(1) 소요되는 시간(day)

식 $t = \dfrac{H}{V}$

- $V = \dfrac{KI}{n} = 0.3\,m/day \times \dfrac{(50-30)m}{500m} = 0.012\,m/day$

$t = \dfrac{50m}{0.012\,m/day} = 4166.67\,day$

(2) 최대 폭(m)

식 $Q = A \times V = (W \times H) \times V$

$30\,m^3/day = (W \times 50m) \times 0.012\,m/day$, ∴ $W = 50m$

02. 해설

식 $\mu = \mu_{max} \times \dfrac{S}{K_s + S}$

$\mu = 0.23 \times \dfrac{200}{30+200} = 0.2/hr$

정답 0.2/hr

03. 해설

식 공극률 $= 1 - \left(\dfrac{\rho_b}{\rho_p}\right) = 1 - \left(\dfrac{토양용적밀도}{토양입자밀도}\right)$

$0.3 = 1 - \left(\dfrac{\rho_b}{2.45}\right)$, ∴ $\rho_b = 1.72\,g/cm^3$

정답 $1.72\,g/cm^3$

04. 해설

식) 오염물질의 양(톤) $= \rho \times \forall \times C$

- $\rho = \dfrac{1.8g}{cm^3} \times \dfrac{1kg}{10^3 g} \times \dfrac{10^6 cm^3}{1m^3} = 1,800 kg/m^3$

- $\forall = H \times A = 10m \times 11,250m^2 = 112,500m^3$

- $C = 4,000 mg/kg$

∴ 오염물질의 양(톤) $= \dfrac{1,800kg}{m^3} \times 112,500m^3 \times \dfrac{4,000mg}{kg} \times \dfrac{1톤}{10^9 mg} = 810톤$

정답) 810톤

05. 해설

① **기초조사** : 자료조사, 청취조사 및 현지조사 등을 통하여 토양오염가능성 유무를 판단하기 위한 조사
② **개황조사** : 개황조사는 오염토양 정화 및 토양오염 방지를 위한 조치가 필요한 지역의 오염물질 종류, 오염면적 및 오염범위 등을 파악하기 위한 사전 개략조사이며, 이를 기준으로 정밀조사를 실시한다.
③ **정밀조사** : 정밀조사는 개황조사 결과 우려기준을 초과하거나 오염이 우려되는 농도(중금속과 불소는 우려기준의 70%, 그 밖의 오염물질은 우려기준의 40%를 초과하는 농도를 말한다. 이하 같다.)에 해당하는 지역과 심도를 대상으로 정밀조사를 실시한다.

06. 해설

POPs(잔류성유기오염물질)는 난분해성 물질로 자연환경에서 분해되지 않고 생물농축을 일으켜 면역체계 교란, 중추신경계를 손상시키는 물질을 말한다. 스톡홀름협약을 통해 POPs 물질이 규정되고 규정된 12개의 잔류유기오염물질은 생산과 사용이 규제되고 있다.

07. 해설

산성에서는 보통 금속들이 표면에 흡착되지 않고 이동성이 증가해서 분리가능하지만 반대로 알칼리성에서는 대부분의 금속은 분리되지 않고 비소, 몰리브덴, 셀레늄 물질이 알칼리성에서 음이온이 되고 토양에 흡착되지 않고 이동성이 증가해서 분리된다.

08. 해설

① **소각** : 산소가 존재하는 조건에서 고온으로 온도를 높여 유기물을 휘발시키고 소각시키는 기술, 유해가스 발생량 많음, 처리 후 토양은 토양으로서 기능상실(작물 생산 불가)
② **열탈착** : 대체로 500℃ 이하의 토양온도 조건일 때 오염물질을 토양으로부터 제거하는 기술, 유해가스 발생량 적음, 처리 후 토양은 토양으로서 기능유지(작물 생산 가능)

09. 해설

① 반응물질

영가철(Fe^0)

② 반응식

$Fe^0 \rightarrow Fe^{2+} + 2e^-$ (호기성 조건에서 Fe^{2+}로 산화되어 2개의 전자 방출)

$R-Cl + 2e^- + H^+ \rightarrow R-H + Cl^-$ (전자수용체로서 전자를 받은 염소계화합물은 탈염소화 과정 후 염소이온 방출)

10. 해설

(1) 발생원인 : 여러 지점에서 오염물질이 유출될 수 있는 장소에서 오염물질이 축적된 후 강수시에 유출된다.

(2) 원인물질 : 농약, 중금속, 가축분뇨

11. 해설

(1) 바이오벤팅 : 오염토양에 인위적으로 산소를 공급하여 토양 내에 존재하는 토착미생물의 활성을 촉진시켜 생분해도를 극대화하여 오염토양을 정화하는 기술이다.

(2) 토양경작법 : 오염토양을 굴착 후 넓게 펴서 공기를 공급하거나 영양분 및 수분을 조절하여 미생물의 활성을 증가시켜 오염물질을 처리하는 방법이다.

(3) 토양세척법 : 오염된 토양층을 굴착한 후 적절한 세척제를 사용하여 토양입자에 결합되어 있는 유해한 유기오염물질의 표면장력을 약화시키거나 오염물질을 용해하여 순수토양과 분리시켜 처리하는 기술이다. 세척제로는 물을 많이 사용하고 첨가제로 pH조절제, 계면활성제, 착화제, 산화제, 응집제 등을 사용한다.

12. 해설

[식물에 의한 추출]

(1) 오염물질의 제거기작 : 식물조직이 중금속이나 방사성 물질과 같은 무기오염물질을 체내에 흡수하여 축적(농축)함으로써 오염물질을 제거하는 원리

(2) 적합한 식물 : 해바라기

(3) 제거오염물질 : 중금속 또는 방사성물질

13. 해설

① 산소 유무 ② 수분
③ 영양분   ④ pH
⑤ 온도

※ 제시된 답안 중 3가지 선택

14. 해설

목 - 아목 - 대군 - 아군 - 과(속 또는 계) - 통

15. 해설

(1) 1:1격자형(2층형) 광물
   ① 카올리나이트(kaolinite)
   ② 할로이사이트(halloysite)
   ③ 딕카이트(dickite)
   ④ 나크라이트(nacrite)
   ⑤ 사문석

(2) 2:1격자형(3층형) 광물
   ① 몬모릴로나이트(montmorillonite)
   ② 일라이트(illite)
   ③ 버미큘라이트(vermiculite)
   ④ 스멕타이트

16. 해설

① 영구전하
② 변동전하

17. 해설

오존, 과산화수소, 펜톤시약, 과망간산, 과황산, 차아염소산, 이산화염소
※ 제시된 답안 중 2가지 선택

18. 미복원

2020년도 제2회 필답형 해설

01. 해설

대상지역 내에서 지그재그형으로 5~10개 지점을 선정한다.

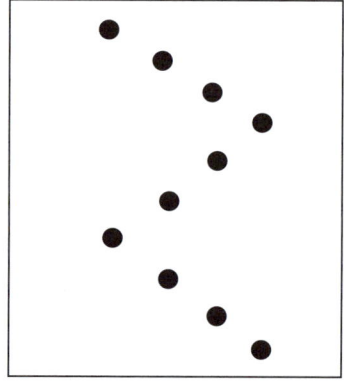

02. 해설

토양을 (알칼리) 분해한 다음 (노말헥산)으로 추출하여 (실리카겔) 또는 다층 실리카겔을 통과시켜 정제한다. 이 액을 농축시킨 다음 기체크로마토그래프에 주입하여 크로마토그램에 나타난 봉우리 패턴에 따라 PCBs를 확인하고 정량하는 방법이다.

03. 해설

O층(유기물층) → A층(용탈층 : 표층) → B층(집적층) → C층(모재층) → R층(모암층)

04. 해설

파이퍼 다이어그램

05. 해설

(1) 이론산소량(kg)

반응식 $C_6H_6 + 7.5O_2 \rightarrow 6CO_2 + 3H_2O$

$\qquad$ 78kg : (7.5×32)kg

$\qquad$ 20kg : ○○(kg)

∴ 이론산소량(kg) = $\dfrac{20\text{kg} \times (7.5 \times 32)\text{kg}}{78\text{kg}}$ = 61.54kg

(2) 과산화수소량(kg)

반응식 $2H_2O_2 \rightarrow 2H_2O + O_2$

$\qquad$ 68kg : 32kg

$\qquad H_2O_2$(kg) : 61.54kg

∴ 과산화수소량(kg) = $\dfrac{(68 \times 61.54)\text{kg}}{32\text{kg}}$ = 130.77kg

06. 해설

Pilot Test(현장실험)

> 💡 적용성 평가 실험
> • Bench Test(실내실험) : 실험실규모에서 효율성을 평가하는 실험
> • Pilot Test(현장실험) : 현장에 직접 적용하여 효율성을 평가하는 실험

07. 해설

① 결합수(화학수) ② 흡습수(표면수)
③ 모세관수 ④ 중력수(자유수)

08. 해설

식 $\ln\left(\dfrac{C_t}{C_0}\right) = -k \times t$ $\qquad$ 식 $V = \dfrac{KI}{n}$

$V = \dfrac{0.2 m/day}{0.4} = 0.5 m/day$

• $t = \dfrac{L}{V} = \dfrac{3m}{0.5 m/day} = 6 day$

$\ln\left(\dfrac{C_t}{1 mg/L}\right) = -0.5 \times 6,$ $\qquad$ ∴ $C_t = 0.05 mg/L$

09. 해설

식 오염된 부지면적 = 빨강부지 + 노랑부지

∴ 오염된 부지면적 = $(2{,}000 \times 0.1) + (2{,}000 \times 0.25) = 700 km^2$

10. 해설

식 $t_{bR} = \dfrac{L\,\theta_w}{V/R}$

- $V = 100\,m/year$

- $R = 1 + \dfrac{\rho_b}{\theta_w} K_d = 1 + \dfrac{2.5\,kg/L \times \dfrac{0.23L}{1kg}}{0.5} = 2.15$

$t_{bR} = \dfrac{100m \times 0.5}{(100m/year)/2.15} = 1.08\,year$

정답 1.08year(년)

11. 해설

식 $\ln\left(\dfrac{C_t}{C_0}\right) = -k \cdot t$

$\ln\left(\dfrac{2{,}000}{8{,}000}\right) = -0.022 \times t$, ∴ $t = 63.01\,day$

정답 63.01day

12. 해설

식 $V = \dfrac{KI}{n}$

- V : 실제 지하수 이동속도
- n : 유효공극률
- K : 수리전도도(투수계수)
- I : 동수경사(수리경사)

13. 해설

① 방사선투과법(RT)　　② 초음파탐사법(UT)
③ 액체침투탐상법(PT)　④ 음향방출탐사법(AET)

14. 해설

   식 토양 내 총 오염물질 농도$(C_T) = \rho_b C_s + \theta_w C_w + \theta_g C_g$

   - ρ_b : 토양총체밀도 = $1,600 kg/m^3$
   - C_s : 토양 내 오염물질 농도 = $10 mg/kg$
   - θ_w : 수분 부피비(수분부피 m^3/전체부피 m^3) = 0.05
   - C_w : 토양 수분 내 오염물질농도 = $0.5 mg/L$
   - θ_g : 공기 부피비(공기부피 m^3/전체부피 m^3) = 0.6
   - C_g : 토양 공기 중 오염물질농도 = $20 mg/m^3$

   $\therefore C_T = \left(\dfrac{1,600kg}{m^3} \times \dfrac{10mg}{kg}\right) + \left(0.05 \times \dfrac{0.5mg}{L} \times \dfrac{10^3 L}{m^3}\right) + \left(0.6 \times \dfrac{20mg}{m^3}\right) = 16,037 mg/m^3$

   정답 $16,037 mg/m^3$

15. 해설

반응식		반응명
반응식	$RX + H_2O \rightarrow ROH + H^+ + X^-$	(가. 가수분해반응)
반응식	$CCl_4 \rightarrow HCCl_3 \rightarrow H_2CCl_2 + Cl^-$	(마. 탈염소반응)
반응식	$R\text{-}COOH \rightarrow RH + CO_2$	(라. 분할)
반응식	$CCl_4 + H^+ + 3e^- \rightarrow CHCl_3 + Cl^-$	(나. 환원반응)
반응식	$RCH_3 \rightarrow RCH_2OH \rightarrow RCHO \rightarrow RCOOH$	(다. 산화반응)
반응식	$CCl_3CH_3 \rightarrow CCl_2CH_2 + HCl$	(바. 탈수소할로겐화 반응)

   가. 가수분해반응   나. 환원반응   다. 산화반응
   라. 분할   마. 탈염소반응   바. 탈수소할로겐화 반응

   💡 내용 참고

   ㉠ 가수분해반응 : 물이 가수분해 반응 시 발생된 수산이온(OH)이 유기화합물질과 반응하고 할로겐이온이 떨어져 나오는 반응이다.

   반응식 $RX + H_2O \rightarrow ROH + H^+ + X^-$
   - X^- : 할로겐 원소

   ㉡ 탈염소반응 : 염소로 치환된 유기화합물이 전자수용체로 이용되어 수소원자 한 개와 반응하면서 염소원자가 떨어져 나오는 반응이다.

   반응식 $CCl_4 \rightarrow HCCl_3 \rightarrow H_2CCl_2 + Cl^-$

   ㉢ 분할 : 유기화합물 내의 탄소-탄소 사이의 결합이 분할되거나, 탄소사슬의 끝단에 있는 탄소가 떨어져 나오는 반응이다.

   반응식 $R\text{-}COOH \rightarrow RH + CO_2$

   ㉣ 산화반응 : 친전자성인 산소를 이용하여 유기화합물을 분해하는 반응 또는 전자를 잃어버리는 반응으로, 예를 들어 방향족화합물인 경우 고리의 한쪽 끝에서 수산화반응에 의해 산화반응이 시작된다.

　　　　반응식 RCH$_3$ → RCH$_2$OH → RCHO → RCOOH

　　　　반응식 CH$_3$CHCl$_2$ + H$_2$O → CH$_3$CCl$_2$OH + 2H$^-$ + 2e$^-$

　　ⓜ 환원반응 : 친핵성인 수소를 이용하여 유기화합물을 분해하는 반응 또는 전자를 얻는 반응이며 지방족화합물에서 염소이온의 수를 줄여주는 역할을 한다.

　　　　반응식 CCl$_4$ + H$^+$ + 3e$^-$ → CHCl$_3$ + Cl$^-$

　　ⓑ 탈수소할로겐화 반응 : 유기화합물로부터 수소이온과 염소이온이 떨어져 나오는 반응으로 탈염소반응과 유사하다.

　　　　반응식 CCl$_3$CH$_3$ → CCl$_2$CH$_2$ + HCl

　　ⓢ 탈수소 반응 : 2개의 수소원자를 잃음으로써 2개의 전자를 잃는 반응

　　　　반응식 CH$_3$CH$_2$OH → CH$_3$CHO + H$_2$ (산화 촉매가 주로 사용)

　　ⓞ 치환 반응 : A반응물질의 일부와 B반응물질의 일부가 서로 교환되는 반응

　　　　반응식 CH$_3$CH$_2$Br + HS$^-$ → CH$_3$CH$_2$SH + Br$^-$

16. 해설

　　지하수 내에 용존 Fe^{2+}이 바이오스파징 중 산소와 접촉시 Fe^{3+}로 산화되면서 불용상태로 존재하여 대수층의 공극 내에 침전, 투수성을 저하시킨다.

17. 해설

　　① 유해성 확인
　　② 용량 – 반응 평가
　　③ 노출 평가
　　④ 위해도 결정

18. 해설

　　① 토양공기는 대기에 비하여 산소함량이 낮은 편이다.
　　② 토양공기는 대기에 비하여 상대습도가 높은 편이다.
　　③ 토양공기는 대기에 비하여 질소(N$_2$), 이산화탄소(CO$_2$), 아르곤(Ar) 함량이 높은 편이다.

CHAPTER 03 2020년도 제4회 필답형 해설

01. 해설

① 불포화대(토양층) 내 유류의 양

식 불포화대 유류의 양(L) = 오염토양부피 × 토양중 유류농도
(유출된 유류의 양과 비교하기 위해 L로 환산)

불포화대 유류의 양(L) = $100m^3 \times \dfrac{3,000mg}{kg} \times \dfrac{1,600kg}{1m^3} \times \dfrac{m^3}{960kg} \times \dfrac{1kg}{10^6mg} \times \dfrac{10^3 L}{1m^3} = 500L$

∴ 유출된 유류의 양과 불포화대(토양층)에 존재하는 유류의 양이 같으므로 모두 불포화대(토양층)에 존재하는 것으로 판단

② 유류가 모두 불포화대(토양층)에 존재하므로 지하수층은 오염되지 않음

02. 해설

표토(0.15m 미만), 0.5m, 1m, 2m, 3m, 4m, 5m

03. 해설

등급	등급기준	색 구분	예시
Ⅰ	토양오염우려기준의 40%(중금속과 불소는 70%) 이하인 지역	(흰색)	4(7) 이하
Ⅱ	토양오염우려기준의 40%(중금속과 불소는 70%) 초과부터 토양오염우려기준 이하인 지역	(녹색)	4(7) 초과 10 이하
Ⅲ	토양오염우려기준 초과부터 토양오염대책기준 이하인 지역	(노란색)	10 초과 20 이하
Ⅳ	토양오염대책기준 초과지역	(빨강색)	20 초과

04. 해설

식 $\dfrac{X}{M} = \dfrac{abC}{1+bC}$

- a, b : 경험적인 상수
- C : 흡착이 평형상태에 도달했을 때 용액내에 남아있는 피흡착제의 농도

05. 해설

① **토양증기추출법**
- 원리 : 오염된 토양층(불포화층)에 인위적인 가스추출정을 설치하여 토양을 진공상태로 만들어 준 후 송풍기를 이용하여 휘발성 및 반휘발성 오염물질을 흡인하고 흡인된 가스 중 오염물질은 흡착처리(활성탄, 바이오필터 이용)하여 처리하는 지중처리기술(in-situ)이다.

② **토양세정법**
- 원리 : 오염된 토양층에 관정을 통하여 세정제를 토양 공극내에 주입함으로써 토양에 흡착된 오염물질을 탈착시켜 통과시킨 후, 통과한 세정액을 지상으로 추출하여 처리하는 기술이다. 양수된 물은 지상에서 수처리하여 방류한다. 세정액은 알콜, 착염물질, 산, 염기, 계면활성제 등을 사용한다.

③ **화학적 산화/환원법**
- 원리 : 산화제/환원제를 오염물질에 접촉시켜 무독성 또는 저독성으로 전환하여 처리하는 방법이다. 산화제로는 오존, 과산화수소, 펜톤시약, 과망간산, 과황산, 차아염소산, 이산화염소가 주로 사용된다.

④ **투과성 반응벽체**
- 원리 : 오염지하수에 다양한 물질이 함유된 반응벽체를 설치하거나 벽체에 오염지하수를 통과시켜 여과하여 오염물을 처리하는 방법이다. 반응벽체의 충진물질로는 영가철을 포함한 철화합물, 고로 슬래그, 석회석, 제올라이트, 활성탄이 사용되고 그 중 영가철이 주로 사용된다.

06. 해설

㉠ **이송(이류)** : 용질이 지하수의 유동에 따라 운반되는 과정, Darcy의 법칙에 따라 오염물질의 이동속도가 결정됩니다.
㉡ **확산** : Fick의 법칙에 따라 농도차에 의해 이동하는 과정입니다. 고농도에서 저농도로 이동하여 평형을 이룹니다.
㉢ **분산** : 오염된 지하수는 다공질 기질을 통해 흐르면서 오염되지 않는 지하수에 분산됩니다. 이때 이동하는 과정에서 희석되어 농도가 낮아지는 현상을 말합니다. 유체의 유선방향을 따라 섞이는 것을 종분산, 흐름방향과 수직방향의 분산을 횡분산이라 합니다.

07. 해설

① **전기 삼투** : 전기경사에 의한 공극수(간극수)의 이동으로 양이온들이 음극을 향해 이동할 때 공극수와 함께 이동한 현상
② **전기 영동** : 전기경사에 의한 전하를 띤 입자의 이동으로 전하를 띤 콜로이드가 이동하는 현상

08. 해설

[식] $\ln\left(\dfrac{C_t}{C_0}\right) = -k \times t$ [식] $V = \dfrac{KI}{n}$

$V = \dfrac{0.1 m/day}{0.3} = 0.3333 m/day$

- $t = \dfrac{L}{V} = \dfrac{5m}{0.3333m/day} = 15.0015 day$

$\ln\left(\dfrac{C_t}{2mg/L}\right) = -0.5 \times 15.0015$, $\quad\therefore\ C_t = 1.11 \times 10^{-3} mg/L$

09. 해설

식 $n = 1 - \dfrac{\rho_d}{\rho_s}$

- $\rho_d = 1.5 g/cm^3$
- $\rho_s = 2 g/cm^3$

$\therefore\ n = 1 - \dfrac{1.5}{2} = 0.25 ≒ 25\%$

정답 25%

10. 해설

① 스멕타이트(Smectite)의 구조

스멕타이트는 2:1형 구조로서 Si^{4+} 대신 Al^{3+}의 동형치환이 흔히 일어나고 알루미늄팔면체층에서도 Al^{3+} 대신 Fe^{2+}, Fe^{3+}, Mg^{2+} 등이 치환되어 들어갈 수 있다.

② 오염물질의 이동을 제지할 수 있는 이유

스멕타이트에서는 물분자의 출입이 비교적 자유롭게 일어나고, 수분함량이 많은 토양에서 쉽게 분리 분산되어 물이나 이온을 흡착할 수 있는 많은 표면적을 가지게 된다. 따라서 이온흡착능이 큰 스멕타이트는 오염물질의 이동을 제지할 수 있게 된다.

11. 미복원

12. 미복원

13. 해설

① 정의 : 물에 쉽게 용해되지 않고 혼합되지 않아 자연상에서 물과 분리된 유체의 형태로 존재하는 NAPL 중 물보다 밀도가 큰 비수용성 액체로 밀도가 $1g/cm^3$ 이상이다.

② 대표적 오염물질(2가지만 기술)
- TCE(Trichloroethylene)
- PCE(Perchloroethylene)
- 페놀
- PCB(Polychlorinated Biphenyl)
- 1,1,1-Trichloroethane(1,1,1-TCA), 2-Chlorophenol(클로로페놀)
- 클로로포름
- 사염화탄소

(물질의 풀네임까지는 기입하지 않아도 됩니다.)

14. 해설

식 $t = \dfrac{L}{V}$

식 $V = \dfrac{KI}{n}$

- $I = \dfrac{\Delta h}{L} = \dfrac{(12-1)m}{300m} = 0.0366$

$V = \dfrac{KI}{n} = \dfrac{1 \times 10^{-3}\,cm}{\sec} \times \dfrac{0.0366}{0.34} = 1.0764 \times 10^{-4}\,cm/\sec$

$\therefore\ t = 300m \times \dfrac{\sec}{1.0764 \times 10^{-4}\,cm} \times \dfrac{100cm}{1m} \times \dfrac{1day}{86400\sec} \times \dfrac{1month}{30day} = 107.53 ≒ 108$개월

15. 해설

(1) 원리 : 지반 내에 물을 고압으로 분사하여 기존의 간극을 확장시키거나 새로운 파쇄간극을 생성시켜줌으로써 토양의 투과성을 향상시켜 오염물질의 추출 및 처리를 용이하게 하는 토양오염 복원기술이다.

(2) 적용지반 : 투수성이 매우 낮은 토양, 암반

16. 해설

0.05~2mm	(모래)
0.002mm 이하	(점토)

17. 해설

식) $\ln\left(\dfrac{C_t}{C_0}\right) = -k \cdot t$

$\ln\left(\dfrac{4,000}{5,000}\right) = -k \times 7$, $\quad k = 0.0318/day$

$\ln\left(\dfrac{100}{5,000}\right) = -0.0318 \times t$, $\quad \therefore t = 123.02 day ≒ 124 day$ (정수로 표현하므로 완전올림)

정답) 124day

18. 해설

식) $V_b = \dfrac{d_p^{\,2}(\rho - \rho_p)g}{18\mu}$

- $d_p = 0.15mm = 0.015cm$
- $g = 9.8 m/\sec^2 = 980 cm/\sec^2$

$\therefore V_b = \dfrac{0.015^2 \times (1 - 0.92) \times 980}{18 \times 0.01} = 0.098 cm/\sec = 5.88 cm/\min$

정답) 5.88cm/min

CHAPTER 04 | 2021년도 제1회 필답형 해설

01. 해설

(1) 유도식

식 $QC_{in} - QC_{out} - KC_{out}\forall = 0$

$Q(C_{in} - C_{out}) = K\forall C_{out}$

$\therefore t = \dfrac{\forall}{Q} = \dfrac{(C_{in} - C_{out})}{K \cdot C_{out}}$

(2) 관계식

식 $t = \dfrac{\forall}{Q} = \dfrac{(C_{in} - C_{out})}{K \cdot C_{out}}$

- C_{in} : 반응 전 농도(유입농도)
- C_{out} : 반응 후 농도(유출농도)
- $\forall$: 반응조의 부피
- K : 반응속도상수
- Q : 유량

02. 해설

식 지하수 내 디젤의 양 = 오염농도 × 부피 × 공극률

$\therefore$ 지하수 내 디젤의 양 $= \dfrac{36mg}{L} \times 25,000m^3 \times \dfrac{10^3 L}{1m^3} \times 0.3 \times \dfrac{1kg}{10^6 mg} = 270kg$

03. 해설

(1) **토양증기추출법(SVE ; Soil Vapor Extraction)** : 불포화 대수층 위에 추출정을 설치하여 강제진공흡입으로 토양을 진공상태로 만들어 줌으로써 토양으로부터 휘발성·준휘발성 오염물질을 제거하는 기술이다. 토양으로부터 제거되는 가스는 지상에서 처리해야 한다. 휘발성 유기화합물을 제거하는 가장 효과적이고 경제적인 방법이다.

(2) **바이오벤팅(Bioventing)** : 오염토양(불포화토양층)에 인위적으로 산소 또는 수분, 영양분을 공급하여 토양 내에 존재하는 토착 미생물의 활성을 촉진시켜 생분해도를 극대화하여 오염토양을 정화하는 기법이다.

04. 해설

식 산소소모율(%/day) = $\dfrac{Q}{\forall} \times$ (초기 산소농도(%) − 배기가스 산소농도(%))

- Q : 주입공기유량 = $16.67 m^3/hr$
- $\forall$: 토양공극의 부피 = $2{,}000 m^3 \times 0.3 = 600 m^3$

∴ 산소소모율(%/hr) = $\dfrac{16.67 m^3/hr}{600 m^3} \times (21-10) \times \dfrac{24hr}{1day} = 7.33\%$

정답 7.33% O_2/day

05. 해설

식 마찰손실수두(m) = $f \times \dfrac{L}{D} \times \dfrac{V^2}{2g}$

- $V = \dfrac{Q}{A} = \dfrac{0.1 m^3/\min}{\dfrac{\pi \times (0.025m)^2}{4}} \times \dfrac{1\min}{60\sec} = 3.3953 m/\sec$

마찰손실수두 = $0.03 \times \dfrac{1m}{0.025m} \times \dfrac{(3.3953 m/s)^2}{2 \times 9.8 m/s^2} = 0.7m$

정답 0.7m

06. 해설

반응식 $C_6H_{14} + 9.5O_2 \rightarrow 6CO_2 + 7H_2O$

    1mol : 9.5mol

    X : 3mol/day

∴ $X = \dfrac{0.3157 mol}{day} \times \dfrac{86g}{1mol} = 27.15 g/day$

※ 분자량비로 계산 하면 27.16g/day도 정답 (86 : 9.5×32)

07. 해설

(1) 과산화수소

식 과산화수소의 양 = 페놀농도 × $\dfrac{2.5g(H_2O_2)}{1g(페놀)}$

∴ 과산화수소의 양 = $\dfrac{6{,}000mg}{L} \times \dfrac{10{,}000L}{day} \times 0.99 \times \dfrac{1kg}{10^6 mg} \times \dfrac{2.5g(H_2O_2)}{1g(페놀)} = 148.5 kg/day$

(2) 철촉매

식 철촉매의 양 = 페놀농도 $\times \eta \times \dfrac{2.5g(H_2O_2)}{1g(페놀)} \times \dfrac{0.05mg(Fe^{2+})}{1mg(H_2O_2)}$

∴ 철촉매의 양 = $\dfrac{6,000mg}{L} \times \dfrac{10,000L}{day} \times 0.99 \times \dfrac{1kg}{10^6 mg} \times \dfrac{2.5g(H_2O_2)}{1g(페놀)} \times \dfrac{0.05mg(Fe^{2+})}{1mg(H_2O_2)} = 7.43kg/day$

정답 7.43kg/day

08. 해설

생분해, 확산, 희석, 휘발, 안정화

09. 해설

1. 오염범위 및 노출농도 결정
2. (노출평가)
3. (독성평가)
4. (위해도결정)
5. 인체위해도에 근거한 정화목표치 설정
6. 조치 계획 작성

10. 해설

① 투수계수가 낮은 토양에서도 높은 처리효율을 낼 수 있다.
② 중금속이온, 용존하고 있는 유기물질, BTEX, TCE, 페놀을 효과적으로 제거
③ 여러 가지 종류로 혼합된 오염물질을 동시에 제거할 수 있다.
④ 여러 종류의 토양층으로 구성된 이질성이 큰 토양에서도 제거가 가능하다.
⑤ 미세토에 효과적이다.
⑥ 토양과 지하수에 모두 적용가능하다.

11. 해설

탄소는 산화하면 (CO_2) 환원되면 (C), 질소는 산화형은 (NO_3) 환원형은 (NH_3) 환원이 심해 탈질될 때는 (N_2) 이다.

12. 해설

① 외부환경의 조건 변화에 대한 영향이 적고 자체적인 조건 조절이 가능한 폐쇄형 공정이다.
② 부지 내에서 유해오염물의 이송 없이 바로 처리 가능하다.
③ 적용 가능한 오염물질 종류의 범위가 넓다.
④ 오염토양 부피의 단시간 내의 효율적인 급감으로 2차 처리 비용이 절감된다.

13. 해설

① 화학합성 종속영양
   - 탄소원 : 유기탄소
   - 에너지원 : 유기물의 산화·환원반응
② 광합성 종속영양
   - 탄소원 : 유기탄소
   - 에너지원 : 빛
③ 화학합성 자가영양
   - 탄소원 : 이산화탄소(CO_2)
   - 에너지원 : 무기물의 산화·환원반응
④ 광합성 자가영양
   - 탄소원 : 이산화탄소(CO_2)
   - 에너지원 : 빛

14. 해설

식 $\dfrac{X}{M} = K \cdot C^{\frac{1}{n}}$

$\dfrac{(20-1)}{M} = 0.5 \times 1^{\frac{1}{1}}$, $M = 38\,mg/L$

∴ 활성탄의 양 $= \dfrac{38\,mg}{L} \times 1{,}000\,m^3 \times \dfrac{10^3 L}{1\,m^3} \times \dfrac{1\,kg}{10^6\,mg} = 38\,kg$

정답 38kg

15. 해설

식 $t = \dfrac{L}{V}$

- $V = \dfrac{KI}{n} = \dfrac{150\,m}{day} \times 0.015\,(m/m) \times \dfrac{1}{0.3} \times \dfrac{1\,day}{24\,hr} = 0.3125\,m/hr$

$t = \dfrac{250\,m}{0.3125\,m/hr} = 800\,hr$

16. 해설

    (1) 식 균등계수 $= \dfrac{D_{60}}{D_{10}} = \dfrac{0.15}{0.0035} = 42.86$

    정답 42.86

    (2) 식 곡률계수 $= \dfrac{D_{30}^{\,2}}{D_{60} \times D_{10}} = \dfrac{0.005^2}{0.15 \times 0.0035} = 0.05$

    정답 0.05

17. 해설

    ㉠ 1,000
    ㉡ 500
    ㉢ 1,000

18. 해설

    (1) **토양경작법** : 토양을 경작하거나 이랑을 만들어 공기를 통기
    (2) **바이오파일** : pile더미까지 통하는 공기주입관을 설치하여 강제적인 공기주입

CHAPTER 05 2021년도 제2회 필답형 해설

01. 해설

식 균등계수 = $\dfrac{D_{60}}{D_{10}} = \dfrac{0.65}{0.075} = 8.67$

02. 해설

토양환경평가는 (기초조사), (개황조사), (정밀조사)로 구분하여 단계별로 실시한다.

03. 해설

반응식 $C_8H_{18} + 12.5O_2 \rightarrow 8CO_2 + 9H_2O$

1mol : 12.5mol

X : 3mol/day

∴ $X = \dfrac{0.24 mol}{day} \times \dfrac{114g}{1mol} = 27.36 g/day$

04. 해설

고형화/안정화, 용매추출, 토양세척, 퇴비화, 생분해, 식물정화

05. 해설

(1) 헨리상수의 정의 : 헨리의 법칙은 용매에 녹는 기체의 용해도는 그 기체의 부분압력에 비례한다는 법칙(난용성 기체에만 적용)이다. 여기서 헨리상수는 물질의 기상과 액상에서의 평형농도 분포를 나타내는 값이다.
(2) SVE로 오염물질 정화할 경우 처리효율과 헨리상수 관계 : 휘발성물질일수록 헨리상수는 높은 값을 나타내고 헨리상수가 높을수록 SVE에 의한 처리가 유리하다.

06. 해설

식 지하수 오염물질 농도 $= \dfrac{S(\text{오염물질총량})}{Q(\text{지하수유량})}$

- $S(\text{질량/시간}) = \dfrac{180mg}{L} \times \dfrac{100L}{day} = 18{,}000\,mg/day$

- $Q = V \times A = \dfrac{0.1m}{day} \times 40m^2 = 4\,m^3/day$

∴ 지하수 오염물질 농도 $= \dfrac{18{,}000\,mg/day}{4\,m^3/day} \times \dfrac{1m^3}{10^3 L} = 4.5\,mg/L$

07. 해설

식 $\ln\left(\dfrac{C_t}{C_0}\right) = -k \cdot t$

$\ln\left(\dfrac{10}{50}\right) = -0.006 \times t$, ∴ $t = 268.24\,day$

08. 해설

오염토양을 굴착 후 넓게 펴서 공기를 공급하거나 영양분 및 수분을 조절하여 미생물의 활성을 증가시켜 오염물질을 처리하는 방법이다.

09. 해설

① 농경지의 경우 : 대상지역 내에서 (지그재그)형으로 5~10개 지점을 선정한다.
② 농경지 이외 지역(공장지역, 매립지역, 시가지지역 등) : 대상지역의 중심이 되는 (1)개 지점과 주변 (4)방위의 5~10m 거리에 각 (1)개 지점씩 총 (5)개 지점을 선정하되, 대상지역에 시설물 등이 있어 지점간의 간격이 불충분할 경우에는 간격을 적절히 조절할 수 있다.

10. 해설

(1) 모세관압력과 표면장력은 비례
(2) 모세관압력과 토양공극반지름은 반비례

11. 해설

> 표토(지표면 하부 15cm까지를 말한다.)
> 시료채취 지점수는 오염가능지역의 면적이 100,000㎡ 이하일 경우에는 (10,000)㎡당 1개 이상의 지점으로 하고, (100,000)㎡를 초과할 경우에는 100,000㎡까지는 10,000㎡당 1개 이상의 지점과 (100,000)㎡을 초과할 때부터는 (50,000)㎡당 1개 이상의 지점을 선정

12. 해설

식 토양오염물질양 $= C \times \forall \times \rho$

- 토양밀도 $= \dfrac{1.8g}{cm^3} \times \dfrac{1kg}{10^3 g} \times \dfrac{10^6 cm^3}{1m^3} = 1{,}800 kg/m^3$

∴ 토양오염물질양 $= \dfrac{4{,}000mg}{kg} \times (10m \times 25m \times 3m) \times \dfrac{1{,}800kg}{m^3} \times \dfrac{1kg}{10^6 mg} = 5{,}400kg$

정답 5,400kg

13. 해설

(1) 분자량 : 반비례

(2) 휘발성 : 비례

(3) 오염기간 : 반비례

14. 해설

식 $L = V \times t$

- $V = \dfrac{KI}{n} = \dfrac{(1m/day) \times 0.01}{0.4} = 0.025 m/\sec$

- $t = 1 year = 365 day$

∴ $L = V \times t = \dfrac{0.025m}{day} \times 365 day = 9.125m$

15. 해설

시행규칙 별표 1 (토양오염물질)	
1. 카드뮴 및 그 화합물	15. 톨루엔
2. 구리 및 그 화합물	16. 에틸벤젠
3. 비소 및 그 화합물	17. 크실렌
4. 수은 및 그 화합물	18. 석유계총탄화수소
5. 납 및 그 화합물	19. 트리클로로에틸렌
6. 6가크롬화합물	20. 테트라클로로에틸렌
7. 아연 및 그 화합물	21. 벤조(a)피렌
8. 니켈 및 그 화합물	22. 1,2-디클로로에탄
9. 불소화합물	23. 다이옥신(푸란을 포함한다)
10. 유기인화합물	24. 그 밖에 위 물질과 유사한 토양오염물질로서 토양오염의 방지를 위하여 특별히 관리할 필요가 있다고 인정되어 환경부장관이 고시하는 물질
11. 폴리클로리네이티드비페닐	
12. 시안화합물	
13. 페놀류	
14. 벤젠	

16. 해설

식 PNECsoil = (0.174 + 0.0104 × K_{oc}) × PNECaqua

- log(koc) = 1.8, $Koc = 10^{1.8} = 63.0957$
- PNECaqua = 10ppb

∴ PNECsoil = (0.174 + 0.0104 × 63.0957) × 10 = 8.3ppb

17. 해설

식 $\dfrac{X}{M} = K \cdot C^{\frac{1}{n}}$

$\dfrac{(24-1)}{M} = 0.5 \times 1^{\frac{1}{1}}$, $M = 46 mg/L$

∴ 활성탄의 양 $= \dfrac{46mg}{L} \times 1{,}500 m^3 \times \dfrac{10^3 L}{1 m^3} \times \dfrac{1 kg}{10^6 mg} = 69 kg$

정답 69kg

18. 해설

식 첨가해야할 물의 양 = 포화된 토양 내 물의 양 − 현재 토양 내 물의 양

- 포화된 토양 내 물의 양 = 공극부피 × 물의 밀도 = $(0.3703 \times 100m^3) \times \dfrac{1g}{cm^3} \times \dfrac{10^6 cm^3}{1m^3} \times \dfrac{1톤}{10^6 g} = 37.03$톤

- 공극률$(n) = 1 - \dfrac{\rho_d}{\rho_s} = 1 - \dfrac{1.7}{2.7} = 0.3703$

- 현재 토양 내 물의 양 = 17톤

- 함수비$(Wt, \%) = \dfrac{W_w}{W_s} \times 100$, $0.1 = \dfrac{W_w}{100m^3 \times \dfrac{1.7g}{cm^3} \times \dfrac{1톤}{10^6 g} \times \dfrac{10^6 cm^3}{1m^3}}$, $W_w = 17$톤

- W_w : 토양 내 물의 무게
- W_s : 토양 무게

∴ 첨가해야할 물의 양 = 37.03 − 17 = 20.03톤

정답 20.03ton

CHAPTER 06 2021년도 제4회 필답형 해설

01. 해설

- **식물추출(phytoextraction)** : 식물의 뿌리가 오염물질을 흡수하여 줄기, 잎, 목부 등 식물체의 조직 내로 수송하여 제거하는 방법으로 체내에 고농도로 축적시킬 수 있는 축적종을 이용합니다. 중금속이나 방사능 물질의 제거에 사용됩니다. (사용식물 : 인도겨자, 해바라기, 보리)
- **식물안정화(phytostabilization)** : 비독성 금속의 고정이나 토양개량제의 처리 없이 식물을 재배함으로 뿌리 주변 토양의 pH변화로 중금속의 산화도를 변경하여 독성 금속을 불활성화시키는 방법입니다. pH의 영향을 받는 중금속 및 탄화수소로의 정화에 사용됩니다. 식물추출 및 식물분해와의 차이점은 식물체내로 오염물질이 흡수되지 않고 오염물질의 처리가 이루어진다는 점입니다. (사용식물 : 포플러나무)
- **식물휘발화(phytovolatilization)** : 식물이 오염물을 흡수, 대사하여 기체상으로 변환하고 공기로 방출시키는 방법입니다.
- **식물변형(phytotrasformation)** : 식물의 본체 또는 뿌리에서 오염물질을 덜 해로운 물질로 변환시키는 방법입니다.
- **식물분해(phytodegradation)** : 식물이 오염물질을 흡수하여 그 안에서 대사에 의해 분해되거나 식물체 밖으로 분비되는 효소 등에 의하여 분해되는 과정을 말합니다. 식물체가 직접 분해에 관여합니다.
- **근권여과(rhizofiltration)** : 식물의 뿌리주변에 축적 또는 식물체로 흡수되며 오염물질을 제거하는 방법입니다. 이 방법은 토양보다 수환경 정화를 대상으로 합니다.
- **근권분해(rhizodegradation)** : 뿌리부근에서 미생물 군집이 식물체의 도움으로 유기 오염물질을 분해하는 과정입니다.
- **수리적 조절(hydraulic control)** : 식물에 의하여 환경의 물을 제거함으로서 수용성 오염물질의 이동 및 확산을 차단하는 과정입니다. 지하수 및 수분이 많은 토양을 대상으로 합니다.
- **인공습지(constructed wetlands)** : 식물을 이용하여 습지를 조성하여 소규모 생태계를 통한 자연정화를 활성화시키는 방법입니다.

02. 해설

(1) 공극률의 정의 : 전체 토양의 부피 대비 공극이 차지하는 부피

(2) 공극비와 공극률의 관계식

$$\text{공극률} = \frac{\text{공극비}}{1+\text{공극비}}$$

(3) 공극률이 0.3인 토양의 공극비(%)를 구하시오.

$$\text{공극비}(\%) = \frac{\text{공극률}}{1-\text{공극률}} \times 100 = \frac{0.3}{1-0.3} = 42.85\%$$

03. 해설

(1) 차이점
① 소각 : 산소가 존재하는 조건에서 고온으로 온도를 높여 유기물을 휘발시키고 소각시키는 기술, 유해가스 발생량 많음, 처리 후 토양은 토양으로서 기능상실(작물 생산 불가)
② 열탈착 : 대체로 500℃ 이하의 토양온도 조건일 때 오염물질을 토양으로부터 제거하는 기술, 유해가스 발생량 적음, 처리 후 토양은 토양으로서 기능유지(작물 생산 가능)

(2) 장점 4가지
① 장비의 조달이 쉬움
② 빠른 처리기간
③ 높은 제거효율
④ 유류처리에 탁월한 효율
⑤ 고농도의 오염물질도 처리가 용이
⑥ 토양의 형태나 오염물질의 종류에 관계없이 처리효율 양호
⑦ 처리할 토양부피가 클수록 경제성 좋음
⑧ 다른 공법과 쉽게 병행 적용 가능
⑨ On site 및 Off site에 적용 가능

04. 해설

(1) 토양 가소성 : 가소성은 토양에 응력(외력)을 가했을 때 파괴되지 않고 유연하게 견디어 변형된 형태를 유지하는 성질
(2) 열탈착에 미치는 영향 2가지
① 처리장비로 투입되는 속도를 저하시킴
② 낮은 소성의 토양보다 높은 온도를 요구
③ 소성을 낮추기 위해 토양을 파쇄하거나 토양개량제와 혼합해야 함

05. 해설

(고정격자법)   (임의격자법)

06. 해설

① O층(유기물층) : 유기물층으로 토양 단면의 최상층에 위치
② A층(용탈층 : 표층) : 용탈층으로 광물질이 풍부하며 분해된 유기물이 존재하고 색깔이 짙음
③ B층(집적층) : 광물층으로 점토, 철/알루미늄 산화물, 유기물이 존재하고, 토양의 구조가 뚜렷하게 구분되어 구조의 발달을 볼 수 있는 층
④ C층(모재층) : 모재층으로 바위와 광물이 혼합되어 있는 층
⑤ R층(모암층) : 기반암, 풍화작용 없음

07. 해설

(1) 옥탄올-물 분배계수의 정의 : 물과 옥탄올에 용해된 유기물질의 비율로, 일반적으로 유기화합물질이 토양 내 흡착되는 정도를 나타내는 상대 지표를 나타낸다.

(2) K_{ow}가 작은 경우와 큰 경우의 이동성
보통 높은 k_{ow}값을 가진 성분들은 장기간 동안 토양에 흡착되어 있으려는 경향을 가지므로 낮은 k_{ow}값을 가진 성분보다 더 많은 체류시간과 열에너지 요구

08. 해설

① 용해도
② 헨리상수
③ 증기압
④ 흡착계수

09. 해설

① 오염물질을 토양으로부터 분리 · 용해시킨다.
② 토양입자 표면에 흡착되어 계면의 활성을 크게 하고 표면장력을 크게 떨어뜨린다.
③ 계면의 성질을 현격히 변화시켜 물에 대해 용해성이 적은 물질을 열역학적으로 안정한 상태로 용해시킨다.
④ 계면의 자유에너지를 낮춘다.

10. 해설

① 용존산소
② 질산성질소
③ 망간
④ 철

⑤ 메탄
⑥ 황산이온
⑦ 염소이온
⑧ pH
⑨ ORP

11. 해설

① 유해성 확인
② 용량 - 반응 평가
③ 노출 평가
④ 위해도 결정

12. 해설

벤젠, 톨루엔, 에틸벤젠, 크실렌, 트리클로로에틸렌 및 테트라클로로에틸렌 시험용 시료의 경우, 시료부위의 토양을 즉시 한 쪽이 터진 10mL 정도의 스테인리스, 알루미늄 또는 (유리)재질의 주사기 또는 (코어샘플러)를 사용하여 3곳에서 각각 약 2mL씩 채취한 5~10g의 토양을 미리 준비한 시험관에 넣고, 마개로 막아 밀봉한 후 0~4℃의 (냉장) 상태로 실험실로 운반한다.

13. 해설

식 $V = \dfrac{KI}{n}$

- $V = \dfrac{0.1m}{day} \times \dfrac{5m}{100m} = 5 \times 10^{-3} m/day$
- $A = W \times H = 5m \times 10m = 50m^2$

∴ $Q = A \times V = 50 \times 5 \times 10^{-3} = 0.25 m^3/day$

14. 해설

식 벤젠의 양(kg) = $V \times C \times n$

∴ 벤젠의 양(kg) = $10,000 m^3 \times \dfrac{1mg}{L} \times 0.3 \times \dfrac{10^3 L}{1 m^3} \times \dfrac{1kg}{10^6 mg} = 3kg$

15. 해설

   식) 포화도(%) = $\dfrac{V_w}{V_v} \times 100$ → $V_w = V_v \times$ 포화도

   - 초기 수분량 = $(8,300 \times 0.35) \times 0.15 = 435.75 m^3$
   - 조절 후 수분량 = $(8,300 \times 0.35) \times 0.7 = 2,033.5 m^3$

   ∴ 조절하기 위한 수분량 = $(2,033.5 - 435.75) m^3 \times \dfrac{10^3 L}{1 m^3} = 1,597,750 L$

   정답) 1,597,750L

16. 해설

   식) 톨루엔 농도 = $\dfrac{\text{톨루엔}}{\text{토양}}$

   - 톨루엔 = $\dfrac{150 mg}{kg} \times 1,500 kg = 225,000 mg$
   - 토양 = $10,000 L \times \dfrac{1 kg}{3.38 L} = 2958.5798 kg$

   ∴ 톨루엔 농도 = $\dfrac{225,000 mg}{2958.5798 kg} = 76.05 mg/kg$

17. 해설

   식) $K = \dfrac{3m}{day} \times \dfrac{1 \times 10^{-3} Pa \cdot sec}{76 \times 10^{-3} Pa \cdot sec} \times \dfrac{825 kg/m^3}{1,000 kg/m^3} = 0.03 m/day$

18. 해설

   식) 흡착된 농도 = $C \times Kd$

   - $Kd = Koc \times foc = \dfrac{300 mL}{g} \times 0.005 = 1.5 mL/g$

   ∴ 흡착된 농도$(mg/kg) = \dfrac{400 \mu g}{kg} \times \dfrac{1.5 mL}{g} \times \dfrac{1 g}{1 mL} \times \dfrac{1 mg}{10^3 \mu g} = 0.6 mg/kg$

   정답) 0.6mg/kg

CHAPTER 07 2022년도 제1회 필답형 해설

01. 해설

식 $P = H \cdot C \rightarrow C = \dfrac{P}{H}$

∴ $C = 0.05\,atm \times \dfrac{1\,mol}{9.1 \times 10^{-3}\,atm \cdot m^3} \times \dfrac{131.38\,g}{1\,mol} \times \dfrac{10^3\,mg}{1\,g} \times \dfrac{1\,m^3}{10^3\,L} = 721.87\,mg/L$

02. 해설

식 $t = \dfrac{H}{V_b}$

식 $V_b(\text{부상속도}) = \dfrac{d_p^{\,2}(\rho - \rho_p)g}{18\mu}$

- $V_b(\text{부상속도}) = \dfrac{(0.02\,cm)^2 \times (1 - 0.92)\,g/cm^3 \times 980\,cm/s^2}{18 \times 0.01\,g/cm \cdot s} = 0.1742\,cm/\sec$

∴ $t = 3m \times \dfrac{1\sec}{0.1742\,cm} \times \dfrac{100\,cm}{1\,m} \times \dfrac{1\min}{60\sec} = 28.70\,\min$

03. 해설

① 유해성 중금속으로 오염된 토양을 정화하는데 가장 많이 이용된다.
② 폐기물의 유해성분의 이동을 억제하는데 효과적이다.
③ 토양의 입경, 수분함량, 중금속 농도, 황 함유량, 강도, 물리적 특성 등에 영향을 받는다.
④ 다른 처리방법과 결합하여 사용이 가능하다.
⑤ 처리효율을 확인하기가 어렵다.
⑥ 부지가 멀리 떨어진 경우에는 경제성이 떨어진다.
⑦ 처리 후 폐기물의 부피가 증가한다.

04. 해설

반응식 $C_6H_{14} + 9.5O_2 \rightarrow 6CO_2 + 7H_2O$

05. **해설** 해당되는 물질 없음

오염등급의 구분상 녹색은 II등급으로 토양오염우려기준의 40%(중금속의 경우 70%) 초과부터 토양오염우려기준 미만인 지역에 해당한다.
① 유기인 : 1지역 기준으로 23%(2.3/10)에 해당하므로 흰색에 해당(중금속)
② 수은 : 1지역 기준으로 57.5%(2.3/4)에 해당하므로 흰색에 해당(중금속)
③ 카드뮴 : 1지역 기준으로 57.5%(2.3/4)에 해당하므로 흰색에 해당(중금속)
④ 6가 크롬 : 1지역 기준으로 46%(2.3/5)에 해당하므로 흰색에 해당(중금속)

참고 오염등급의 구분

등급	등급기준	색 구분
I	토양오염우려기준의 40%(중금속과 불소는 70%) 이하인 지역	흰색
II	토양오염우려기준의 40%(중금속과 불소는 70%) 초과부터 토양오염우려기준 이하인 지역	녹색
III	토양오염우려기준 초과부터 토양오염대책기준 이하인 지역	노란색
IV	토양오염대책기준 초과지역	빨강색

06. **해설**

식 $n = 1 - \dfrac{\rho_d}{\rho_s}$

$0.4 = 1 - \dfrac{1.3}{\rho_s}$, $\therefore \rho_s = 2.17$

07. **해설**

ECD(전자포획검출기)

08. **해설**

식 $t = \dfrac{(C_{in} - C_{out})}{K \cdot C_{out}}$

$\therefore t = \dfrac{(8,000 - 800)}{0.4 \times 800} = 22.5 hr$

09. 해설

(1) 토양환경평가의 3단계를 쓰시오.
　① 1단계 : 기초조사
　② 2단계 : 개황조사
　③ 3단계 : 정밀조사

(2) 면적이 1800㎡일 때 채취지점의 수를 쓰시오.
　1,000㎡ < 면적 ≤ 2,000㎡이므로 7개

참고 시료채취 지점 수 산정기준

조사면적	시료채취 지점 수 산정기준	최소지점 수
면적 ≤ 500㎡	최소 채취지점수 5개 이상 500㎡당 1개 이상	5
500㎡ < 면적 ≤ 1,000㎡		6
1,000㎡ < 면적 ≤ 2,000㎡	1,000㎡를 초과할 때부터는 1,000㎡당 1개 이상 추가	7
2,000㎡ < 면적 ≤ 3,000㎡		8
3,000㎡ < 면적 ≤ 4,000㎡		9
...		...

10. 해설

(1) 토양수분장력(pF)
　식 pF = log[H]
　・H : 물기둥(수주) 높이(cm)
　・pF : 토양수분장력은 토양이 수분을 보유하는 힘으로, 수주높이(cm)의 대수값을 pF로 표시하여 나타냄

(2) 토양수분의 pF 크기 순서
　결합수 > 흡습수 > 모세관수 > 중력수

11. 해설

① 유해성 확인
② 용량 – 반응 평가
③ 노출 평가
④ 위해도 결정

12. 해설

가스추출정, 진공펌프, 송풍기, 유량계, 조절밸브, 배기가스처리장치, 기액 분리장치, 흡착탑

13. 해설

 (1) 3가 비소와 5가 비소 중 독성이 더 강한 것
  3가 비소

 (2) 3가 비소와 5가 비소 중 이동성이 더 큰 것
  3가 비소

 (3) Fe/As의 비와 As의 이동성 관계에 대해 간단하게 작성하시오.
  토양 내 비소(As)의 이동성(비소고정)에 영향을 미치는 성분은 알칼리성물질(칼슘(Ca), 알루미늄(Al), 철(Fe) 등)이다. 따라서 Fe의 존재 시 비소(As)가 고정되어 이동성은 작아지고, 비소가 더 많이 토양에 축적되게 된다.

14. 해설

 10분 / 1시간 / 10%

15. 해설

 (1) 수리전도도(cm/sec)를 구하시오.

  식 $V = \dfrac{KI}{n}$

  • $n = \dfrac{V - V_s}{V} = \dfrac{100 - 60}{100} = 0.4$

  • $I = 0.2$

  • $V = \dfrac{Q}{A} = \dfrac{0.2\,cm^3}{\sec} \times \dfrac{4}{\pi \times (5cm)^2} = 0.0101\,cm/\sec$

  $0.0101 = \dfrac{K \times 0.2}{0.4}$, ∴ $K = 0.02\,cm/\sec$

 (2) 원통 길이 1m일 때 통과시간(hr)을 구하시오.

  식 통과시간(hr) $= \dfrac{H}{V} = \dfrac{1m}{0.0101\,cm/\sec} \times \dfrac{100cm}{1m} \times \dfrac{1hr}{3600\sec} = 2.75\,hr$

16. 해설

 1m / 1.5배

17. 해설

식 $\mu = \mu_{max} \times \dfrac{S}{S+K_s}$

∴ $\mu = 0.8 \times \dfrac{150}{150+60} = 0.57 hr^{-1}$

18. 해설

식 유류농도 = $\dfrac{유류의\ 양}{지하수의\ 부피}$

- 유류밀도 = $940 kg/m^3$

∴ 유류농도 = $\dfrac{0.5L \times \dfrac{940kg}{m^3} \times \dfrac{1m^3}{10^3 L} \times \dfrac{10^6 mg}{1kg}}{(50m \times 40m \times 5m) \times 0.4 \times \dfrac{10^3 L}{1m^3}} = 0.12 mg/L$

정답 0.12mg/L

CHAPTER 08 2022년도 제4회 필답형 해설

※ 각 문제당 배점은 5점

01. 해설

(1) 식물에 의한 추출
   ① 원리 : 식물조직이 중금속이나 방사성 물질과 같은 무기오염물질을 체내에 흡수하여 축적(농축)함으로써 오염물질을 제거하는 원리
   ② 적합한 식물 : 해바라기
   ③ 제거대상 오염물질 : 중금속, 방사성 물질

(2) 식물에 의한 분해
   ① 원리 : 식물이 독성물질을 분해하는 효소를 분비하거나 또는 오염물질을 분해하는 데 중요한 역할을 하는 토양미생물에 필요한 영양분을 제공하여 분해활동을 활성화시킴으로써 오염물질을 무독성의 물질로 전환시키는 원리
   ② 적합한 식물 : 포플러나무
   ③ 제거대상 오염물질 : 방향족 탄화수소, 유기인

(3) 식물에 의한 안정화
   ① 원리 : 오염물질이 식물 뿌리 주변에 비활성의 상태로 축적되거나 식물체에 의해 오염물질의 이동을 차단하는 원리를 이용하며, 뿌리 주변 토양의 pH 변화 등에 의하여 중금속의 산화도가 바뀌어 불용성의 상태로 되는 원리에 기초한다.
   ② 적합한 식물 : 포플러나무
   ③ 제거대상 오염물질 : 중금속

> 참고 위 내용 중 1가지만 선택하여 기술, 해당 문제에서는 원리는 기술하지 않아도 무방합니다. (원리는 학습에 참고하세요^^)

02. 해설 3개 지점

> 참고 저장시설을 중심으로 각각 서로 반대방향에 있는 배관 부위와 저장시설 부위에서 누출 개연성이 높은 곳을 각각 1~2개 지점씩 3개 지점을 선정한다.

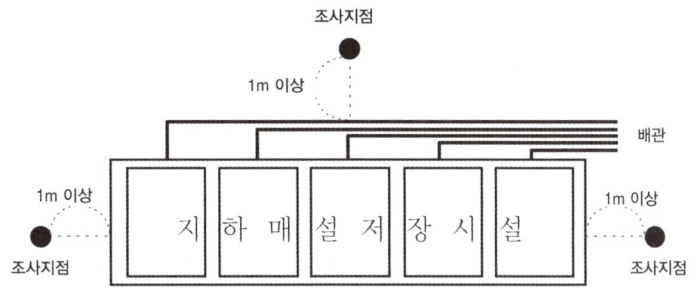

03. 해설

수은, 카드뮴, 비소, 납, 니켈 등

04. 해설

① 결합수(화학수)
② 흡습수(표면수)
③ 모세관수
④ 중력수(자유수)

05. 해설

> 표토(지표면 하부 15cm까지를 말한다.)
> 시료채취 지점수는 오염가능지역의 면적이 10,000m² 이하일 경우에는 (1,000)m²당 (1)개 이상의 지점으로 하고, (10,000)m²를 초과할 경우에는 (2,000)m²당 1개 이상의 지점을 추가한다.

참고 폐기물 매립 및 재활용지역 시료채취 지점 수 산정기준

조사면적	시료채취 지점 수 산정기준	최소지점 수
면적≤1,000m²	1,000m²당 1개 이상	1
1,000m²<면적≤2,000m²		2
⋮		⋮
9,000m²<면적≤10,000m²		10
10,000m²<면적≤12,000m²	10,000m²까지는 1,000m²당 1개 이상과 10,000m²를 초과할 때부터는 2,000m²당 1개 이상 추가	11
12,000m²<면적≤14,000m²		12
⋮		⋮

06. 해설

이격거리의 1.5배의 깊이에서 채취한다.

식) 깊이 $= 1.2 \times 1.5 = 1.8m$

07. 해설

오염의 개연성이 존재하는 시료를 분석하는 것이 효율적이고 정확하다. 신뢰성 있는 분석을 위해 1단계에서 개연성을 확인 후 2단계에서 시료를 채취 및 분석하여 정도관리/정도보증을 실시한다.

08. 해설

목, 아목, 대토양군, 아토양군, 계, 통

09. 해설

벤젠, 톨루엔, 에틸벤젠, 자일렌, TPH

10. 해설

호기성 산화(호기성 생분해) → 탈질화(질산염 이용 혐기성 분해) → 3가철 환원 → 황산염 환원 → 메탄 산화

11. 해설

식) 토양 내 벤젠 $= \dfrac{0.4mg}{L} \times \dfrac{1.66L}{kg} = 0.664 mg/kg$

12. 해설

식) $\ln\left(\dfrac{C_t}{C_0}\right) = -k \cdot t$

$\ln\left(\dfrac{4,500}{6,000}\right) = -k \times 30, \qquad k = 9.5894 \times 10^{-3}/day$

$\ln\left(\dfrac{500}{6,000}\right) = -9.5894 \times 10^{-3} \times t, \qquad \therefore\ t = 259.13 day$

13. 해설

① 폐기물 매립지역
② 광산활동 관련지역
③ 기타지역(유류 배출가능지역, 유해화학물질 저장시설지역, 산업지역)

14. 미복원

15. [해설]
    [식] 수분(%) $= \dfrac{(W_2 - W_3)}{(W_2 - W_1)} \times 100$

16. [해설]
    ① 입경분포 ② 유기물함량
    ③ 수분함량 ④ pH
    ⑤ 용해도

17. [해설]
    평가의견

18. [해설]
    (1) 분석법 : 기체크로마토그래피
    (2) 검출기 : 불꽃이온화검출기(FID)

19. [해설]
    ① 인셉티졸(Inceptisol) ② 엔티졸(Entisols)
    ③ 몰리졸(Mollisols)   ④ 알피졸(Alfisols)
    ⑤ 울티졸(Ultisols)   ⑥ 히스토졸(Histosols)

20. [해설]
    [식] 추출정 개수 $= \dfrac{\text{복원면적}}{\text{영향면적}} = \dfrac{\text{복원부피}}{\text{영향부피}} = \dfrac{\forall \times \epsilon}{Q \times t}$

    ∴ 추출정 개수 $= \dfrac{\pi \times 30^2}{\pi \times 5^2} = 36$개

    [정답] 36개

CHAPTER 09 2023년도 제1회 필답형 해설

01. 해설
① 매체별 적용기술그룹 선정
② 오염물질별 적용기술그룹 선정
③ 기술특성별 적용그룹 선정
④ 최적기술의 선정

> 💡 비슷한 유형모음
> [토양오염복원기술의 중요한 선정기준 4가지]
> ① 오염부지의 특성 검토
> ② 오염물질의 특성
> ③ 복원기준 및 복원기간
> ④ 경제성
>
> [토양오염복원기술의 평가 4단계]
> ① 검증계획의 수립
> ② 과정검증
> ③ 완료검증
> ④ 정화토양 처분

02. 해설

식 $h = \dfrac{4\sigma \cos\theta}{\gamma d}$

- σ(표면장력) $= 34.7\,dyne/cm$
- d(관의 직경) $= 2 \times 0.02mm \times \dfrac{1cm}{10mm} = 4 \times 10^{-3}cm$
- γ(비중량) $=$ 밀도 $\times$ 중력가속도 $= 1.47g/cm^3 \times \dfrac{980cm}{\sec^2} = 1,440.6g/cm^2 \cdot \sec^2 = 1,440.6\,dyne/cm^3$

∴ $h = \dfrac{4 \times 34.7}{1,440.6 \times 4 \times 10^{-3}} = 24.09cm$

03. 해설

요오드화칼륨 20g을 달아 비커에 취하고 적당량의 정제수를 넣어 유리막대 또는 교반기를 이용하여 녹인다. 비커에 담긴 용액을 100mL 메스플라스크(용량플라스크)에 옮겨 담고 표선까지 정제수를 채운다.

04. 해설

① 바이오벤팅(Bioventing) : 오염토양(불포화토양층)에 인위적으로 산소 또는 영양분을 공급하여 토양 내에 존재하는 토착 미생물의 활성을 촉진시켜 생분해도를 극대화하여 오염토양을 정화하는 기법이다.

② 토양경작법(Landfarming) : 오염된 토양을 수거하여 처리하는 지중 외(Ex-Situ) 처리방식으로서 오염토양을 굴착하여 지표면에 깔아 놓고 정기적으로 뒤집어줌으로써 공기를 공급하여 미생물과 산소의 접촉을 증가시켜 오염물질을 분해하는 호기성 생분해공정을 말한다.

③ 바이오파일(Biopile) : 오염된 토양을 굴착한 후 일정한 파일(Pile) 안에 오염토양을 쌓은 다음 폭기, 영양물질, 수분함유량을 조절하여 호기성 미생물의 활성을 극대화시켜 굴착된 토양 중의 유기성 오염물질을 처리하는 현장 외(Ex-Situ) 처리공법이다.

05. 해설

식 $V = KI$

- $V_1 = \dfrac{1m}{day} \times \dfrac{(20-B)m}{40m}$

- $V_2 = \dfrac{2m}{day} \times \dfrac{(B-16)m}{50m}$

→ A에서 B, B에서 C까지의 토양 내 유속은 같다.

$\dfrac{1m}{day} \times \dfrac{(20-B)m}{40m} = \dfrac{2m}{day} \times \dfrac{(B-16)m}{50m}$, ∴ B의 수두 $= 17.54m$

06. 해설

식 지하수 내 유류 농도(mg/L) $= \dfrac{\text{유류의 양}}{\text{지하수량}}$

- 유류의 양 $= 2L \times \dfrac{0.9kg}{1L} \times \dfrac{10^6 mg}{1kg} = 1,800,000 mg$

- 지하수량 $= (50m \times 40m \times 5m) \times 0.5 \times \dfrac{10^3 L}{1m^3} = 5,000,000 L$

→ 지하수량은 부피단위로 산출하므로 밀도를 고려할 필요 없음

∴ 지하수 내 유류 농도(mg/L) $= \dfrac{1,800,000 mg}{5,000,000 L} = 0.36 mg/L$

07. 해설

① 세척수로부터 미세입자를 분리해 내기 위해서는 응집제를 첨가해 주어야 하는 경우도 있다.
② 복합오염물질(예 유기물질을 포함한 중금속)의 경우 적용하고자 하는 세척제를 선별·제조하기 어렵다.
③ 휴믹질이 고농도로 존재할 경우 전처리가 필요하다.

08. 해설

[식] 농축되는 독성물질 = 농도 × 접촉율 × 노출기간 × 흡수분율

∴ 농축되는 독성물질 = $\dfrac{50mg}{kg} \times \dfrac{0.2}{day} \times 30년 \times \dfrac{365day}{1년} \times 0.05 = 5,475mg$

09. 해설

① 광산활동 관련지역
② 폐기물 매립 및 재활용지역

10. 해설

(1) 물리적 인자(㉠, ㉡, ㉢)
   ① 밀도   ② 공극률 또는 공극비
   ③ 함수비   ④ 입도분포
   ⑤ 입단   ⑥ 견지성
   ※ 위 항목 중 3가지 기입

(2) 화학적 인자
   ① 양이온 교환능력(CEC)   ② pH
   ③ 산화환원전위(ORP) 또는 pE
   ※ 위 항목 중 2가지 기입

11. 해설

> 분석용 시료 5g을 달아 50ml 비이커에 취하고 증류수(25)ml를 넣어 때때로 유리막대로 저어주면서 (1)시간 방치 후 pH 미터를 pH 표준액으로 잘 맞춘 다음 깨끗하게 씻어 말린 유리전극 및 표준 전극을 넣고 (60)초 이내로 읽는다.

12. 해설

[식] $A = \dfrac{Q}{V} = \dfrac{120m^3}{min} \times \dfrac{\sec}{1m} \times \dfrac{1\min}{60\sec} = 2m^2$

13. 해설

(1) On-Site : 오염된 토양을 부지 내에서 처리하는 방법
   ① in-situ : 굴착하지 않고 지중에서 처리
   ② ex-situ : 굴착 후 지상에서 처리
(2) Off-Site : 오염된 토양을 부지 외에서 처리하는 방법

14. 해설

> **보기**
>
> 심토 – 오염사고 발생지역
>
> 사고로 토양오염물질이 누출된 경우 누출 및 확산우려 지역을 중심으로 지질특성을 고려하여 시료채취 깊이를 (2)m 이상으로 하되, (2)m까지는 (50)㎝, (2)m 초과 지점은 (1)m 간격으로 시료를 채취

㉠ 2, ㉡ 50, ㉢ 1

15. 해설

① 1차 이온만으로 확실하게 식별이 어려운 물질을 2차 이온을 동시에 분석함으로써 대상물질의 정량, 정성분석에 대한 신뢰성 향상을 시킬 수 있다.
② 간섭물질의 영향을 최소화할 수 있다.
③ 검출 한계를 개선할 수 있다. (미량물질의 검출에 유리)

16. 해설

① 온도 : 10 ~ 45℃
② pH : 6 ~ 8

17. 해설

투과성 반응벽체(PRB) 또는 투수성 반응벽체

18. 해설

저투수성의 토양층이나 기반암의 심도가 깊은 경우 또는 slurry wall 외부의 지하수위가 내부에 비하여 상대적으로 높아 오염물질의 흐름이 외부로 발생하지 않을 때 사용된다.

CHAPTER 10 2023년도 제2회 필답형 해설

※ 문제배점은 모두 5점

01. 해설

식 $t = \dfrac{L}{V}$

식 $V = \dfrac{KI}{n}$

- $I = \dfrac{\Delta h}{L} = \dfrac{(12-1)m}{300m} = 0.0366$

$V = \dfrac{KI}{n} = \dfrac{1 \times 10^{-3} cm}{\sec} \times \dfrac{0.0366}{0.34} = 1.0764 \times 10^{-4} cm/\sec$

$\therefore t = 300m \times \dfrac{\sec}{1.0764 \times 10^{-4}cm} \times \dfrac{100cm}{1m} \times \dfrac{1day}{86400\sec} \times \dfrac{1month}{30day} = 107.53 ≒ 108개월$

02. 해설

(1) 모래 : 직경 0.05~2mm로 토양의 골격형성을 도우며 입자간 공극을 크게 하여 통기·배수를 좋게 한다.
(2) 미사 : 직경 0.002~0.05mm(2~5㎛)로 일부 골격 역할을 하고, 점착성과 가소성은 없으나, 미사의 표면에 점토입자가 흡착되면서 약간의 가소성과 응집성이 있다.
(3) 점토 : 직경 0.002mm(2㎛) 이하로 면적이 크고, 점착성·응집성이 크다.

03. 해설

토양증기추출법(SVE)

04. 해설

① 카드뮴 : 이따이이따이병(신장기능장애)
② 수은 : 미나마타병
③ PCBs : 카네미유증(만성중독)
④ 질산성질소 : 청색증(블루베이비병)

05. 해설

- 분자의 크기 : 반비례
- 휘발성 : 비례
- 오염경과시간 : 반비례

06. 해설

식 $T = K \times b$

- $K = 0.3 m/day$

  $6 = 0.3 \times b, \quad \therefore b = 20m$

07. 해설

‰(퍼밀)

08. 해설

TPH

> 참고 석유류의 제조 및 저장시설의 검사항목
> - 나프타(납사), 휘발유, 벤젠, 톨루엔, 에틸벤젠, 크실렌(자일렌) : BTEX
> - 항공유, 등유, 경유, 중유, 윤활유, 원유 : TPH

09. 해설

식 $K = K_i \left(\dfrac{\rho \cdot g}{\mu} \right)$

- $K_i = 9.87 \times 10^{-9} \times 1.3 = 1.2831 \times 10^{-8} cm^2$

※ $1 darcy = 9.87 \times 10^{-9} cm^2$

$K = 1.2831 \times 10^{-8} \times \left(\dfrac{1 \times 980}{0.00890} \right) = 1.413 \times 10^{-3} cm/\sec$

10. 해설

- 수집, 저장, 갱신, 처리 분석하는 기술 : (GIS)
- 지구 전지역의 위치와 시간을 측정하는 기술 : (GPS)
- 목표물에 접촉하지 않고 대상물을 판독, 해석할 수 있는 기술 : (원격탐사)

11. 해설

(1) 불포화토양층에 공기를 공급하여 미생물의 활성을 촉진하여 생분해도를 극대화하여 정화하는 기술
: 바이오벤팅 / in-situ

(2) 식물에 의한 추출, 분해, 안정화를 통해 오염물질을 정화하는 기술
: 식물정화법 / in-situ

(3) 지중에서 희석, 휘발, 생분해, 흡착, 지중물질과의 화학반응 등에 의하여 오염물질 농도가 허용 가능한 수준으로 유도하는 기술
: 자연저감법 / in-situ

12. 해설

식 $V = \dfrac{K \cdot I}{n}$

$0.008 = 0.2 \times \left(\dfrac{\Delta h}{30}\right), \qquad \Delta h = 1.2m$

∴ B의 수위 $= 12 - 1.2 = 10.8m$

13. 해설

① 미세토양이나 수분함량이 50% 이상 높은 토양의 경우 통기성을 저해하여 증기압을 높이기 위한 추가비용 부담이 증가된다.
② 유기물의 함량이 높은 토양 및 건조한 토양은 VOC(휘발성 유기물질)의 흡착능력이 높아 제거율이 낮아진다.
③ 방출·추출된 증기는 인간이나 주변 환경에 해가 되지 않도록 처리해야 한다.
④ 추출가스 처리에 사용된 활성탄 및 용액을 안전하게 처리해야 한다.
⑤ 포화지역에는 효과가 없으나 대수층을 낮추면 적용범위가 많아진다.
⑥ 투수성 지반 내에 렌즈 모양의 불투수성 부분이 존재하는 경우 휘발성 오염물질의 제거효율이 저하된다.

14. 해설

- (VOC) : 직접소각법, 촉매소각법
- (SOx) : 석회석 주입법, 접촉산화법, 세정
- (NOx) : SCR/SNCR
- (먼지) : 전기집진장치, 여과집진장치, 싸이클론(원심력 집진장치)
- (산성증기) : 세정(스크러버)

15. 미복원

16. 해설

식: 손실된 지하수량 = $5,000,000 cm^2 \times 0.6m \times \dfrac{1m^2}{10^4 cm^2} \times \dfrac{10^3 L}{1m^3} \times 0.25 = 75,000L$

17. 해설

식: 공극률 = $1 - \left(\dfrac{\rho_b}{\rho_p}\right) = 1 - \left(\dfrac{토양용적밀도}{토양입자밀도}\right)$

$0.3 = 1 - \left(\dfrac{\rho_b}{2.65}\right)$, ∴ $\rho_b = 1.86 g/cm^3$

18. 해설

💡 표토

시료채취 지점수는 오염가능지역의 면적이 (1,000)㎡ 이하일 경우에는 (500)㎡당 1개 이상 지점으로 하고, (1,000)㎡를 초과할 경우에는 1,000㎡까지는 500㎡당 1개 이상의 지점과 1,000㎡을 초과할 때부터는 (1,000)㎡당 1개 이상의 지점을 선정

💡 심토

표토 시료 수 3개 지점 당 (1)개 지점 이상 비율로 채취(최소 1개 지점 이상)하며, 그 깊이는 원칙적으로 지표면에서 15m 깊이까지로 하여 2.5m 이내 간격으로 (1)점 이상의 시료를 채취하되, 15m 이내에서 암반층이 나타나면 그 깊이까지로 함

19. 해설

식: 다이아지논의 함량(mg/L) = $\dfrac{A_s \times V_f}{W_d \times V_i}$

- A_s : 검정곡선에서 얻어진 오염물질의 양(ng) = $1.5 ng$
- V_f : 최종액량(mL) = $10 mL$
- W_d : 시료의 량(mL) = $40 \times 2 = 80 mL$
- V_i : 시료의 주입량(μL) = $2 \mu L$

∴ 다이아지논의 함량 = $\dfrac{1.5 \times 10}{80 \times 2} = 0.09375 mg/L = 0.09375 mg/kg$

20. 해설

① 결합수(화학수)   ② 흡습수(표면수)
③ 모세관수   ④ 중력수(자유수)

CHAPTER 11 2024년도 제1회 필답형 해설

01. 해설
① DNAPL은 물보다 비중이 크므로 지하수면 아래까지 침투하여 불투수층까지 도달함
② 대수층 바닥에 도달한 DNAPL은 지하수 이동방향과 관계없이 기반암의 기울기에 따라 이동방향이 결정됨

02. 해설
식 $n = 1 - \dfrac{\rho_d}{\rho_s}$

$0.45 = 1 - \dfrac{\rho_d}{2.65}$, ∴ $\rho_d = 1.46 g/cm^3$

정답 $1.46 g/cm^3$

03. 해설
파이퍼 다이어 그램

04. 해설
① 수리전도도 ② 투수량 계수
③ 공극률 ④ 비저류계수 및 저류계수
⑤ 비산출률 ⑥ 비보유율

05. 해설
(1) TPH : 2,000mg/kg
(2) BTEX
 • 벤젠 : 3mg/kg
 • 톨루엔 : 60mg/kg
 • 에틸벤젠 : 150mg/kg
 • 크실렌(자일렌) : 45mg/kg

06. 해설

① 용존산소
② 질산성질소
③ 망간
④ 철
⑤ 메탄
⑥ 황산이온
⑦ 염소이온
⑧ pH
⑨ ORP

> 💡 **비슷한 출제문제**
>
> 오염된 토양에 자연저감법 적용 시 영향인자 5가지를 쓰시오.
> ① 지하수의 동수구배
> ② 토양입경의 분포
> ③ 수리전도도
> ④ 오염물질 농도
> ⑤ 온도
> ⑥ 수분 함량
> ⑦ 영양분
> ⑧ 통기성(또는 산소농도)
> ⑨ 전자수용체

07. 해설

① **자분탐상 시험장비** : 사용되는 자화장치, 자외선 등(black light), 자분 등의 성능은 관련 한국산업규격에서 정한 성능 이상이어야 한다.
② **침투탐상 시험장비** : 사용되는 세정액, 침투액, 현상액 등은 그 결함 검출능력이 관련 한국산업규격에서 정한 성능 이상이어야 한다.
③ **초음파 두께 측정기** : 정기적으로 교정되고 100분의 1 밀리미터 이상의 분해능을 갖는 것이어야 한다.
④ **압력계**
  ㉠ 가압시험법 기준 : 최소눈금이 시험압력의 5% 이내이고, 이를 읽고 측정압력의 기록이 가능한 압력계이어야 한다.
  ㉡ 기상부 시험 기준 : 최소눈금 $1mmH_2O$를 읽을 수 있는 정밀도를 가진 압력계를 말한다.
⑤ **온도계** : 시험압력에 충분히 견딜 수 있는 것으로서 최소눈금 1℃ 이하를 읽고 기록이 가능한 온도계이어야 한다.
⑥ **안전밸브** : $0.7kgf/cm^2$ 이하에서 작동되어야 한다.
⑦ **가압장치** : 가압 시 최대압력 $300mmH_2O$ 이하가 되도록 조정되는 것이어야 한다.

08. 해설

① 외부전원법
② 희생양극법

09. 해설

① 슬러리월(slurry wall) : 낮은 투수성을 가진 토양에 가용한 다른 첨가제 등의 오염물질 거동을 제어하는 물질을 지중 트렌치에 채워 넣는 방법
② 그라우트 커튼 : 지중에 공극을 채울 수 있는 물질들을 땅속에 양수해 넣음으로써 유체의 흐름속도를 감소시키는 차단벽.
③ 스틸시트파일링(steel sheet piling) : 강재로 제작된 강널말뚝을 진동헤머로 지반에 타입하여 연속벽체를 형성하여 지중의 물의 흐름을 감소시키기 위하여 널리 사용되는 차단공법.
④ 진동빔 차단벽 : 진동빔을 사용하여 지중에 건설할 수 있는 차단벽.
⑤ 얇은막벽 차수공법 : 토목합성수지의 초저투수능 차수기능을 이용하여 차수벽을 설치하는 기술.

10. 해설

(1) 채수시 걸리는 시간(일)

식 채수시 걸리는 시간(일) = $\dfrac{\text{오염부피}}{\text{채수부피}} = \dfrac{10{,}000 m^3 \times 0.3}{\dfrac{100 m^3}{day \cdot 개} \times 3개} = 10\,day$

(2) 채수시 제거된 TCE의 양(g)

식 $TCE(g) = \dfrac{1mg}{L} \times \dfrac{100m^3}{day \cdot 개} \times 3개 \times 10\,day \times \dfrac{1g}{10^3 mg} \times \dfrac{10^3 L}{1 m^3} = 3{,}000\,g$

11. 미복원

12. 해설

식 유출 유류 부피 = 토양부피 × 토양밀도 × 유류농도 × $\dfrac{1}{\text{유류밀도}}$

∴ 유출 유류 부피 = $200 m^3 \times \dfrac{1{,}600 kg}{m^3} \times \dfrac{5{,}000 mg}{kg} \times \dfrac{1 kg}{10^6 mg} \times \dfrac{1 m^3}{950 kg} \times \dfrac{10^3 L}{1 m^3} = 1684.21\,L$

정답 1,684.21L

> 💡 **개념정리**
>
> 밀도 = $\dfrac{\text{질량}}{\text{부피}}$, 부피 = $\dfrac{\text{질량}}{\text{밀도}}$, 질량 = 밀도 × 부피

13. 미복원

14. 해설

(1) 서식하는 토착미생물의 활성을 촉진시키기 위해 영양물질, 전자수용체, pH, 온도 등을 조절하여 미생물의 분해를 촉진시키는 기술 : 바이오스티뮬레이션(Bio Stimulation)
(2) 자연계에서 분리한 오염물에 분해능이 우수한 미생물이나 유전공학적으로 변형된 미생물을 공급함으로써 오염물질의 생분해도를 높여 제거하는 기술 : 바이오어그멘테이션(Bio Augmentation)

15. 해설

식 $V_b = \dfrac{d_p^{\,2}(\rho - \rho_p)g}{18\mu}$

$\therefore V_b = \dfrac{0.015^2 \times (1-0.92) \times 980}{18 \times 0.01} = 0.0612\,cm/\sec \fallingdotseq 5.88\,cm/\min$

16. 해설

토양세정법

17. 해설

① 유해성 확인
② 용량 – 반응평가(독성평가)
③ 노출 평가

※ 아래 그림과 같이 위해성 평가 단계에서 노출평가 / 용량–반응평가(독성평가)의 순서는 선택의 문제이기에 유해성 확인 – 노출평가 – 독성평가 – 위해도 결정 또는 유해성 확인 – 독성평가 – 노출평가 – 위해도 결정 두 순서가 모두 답으로 인정된다.

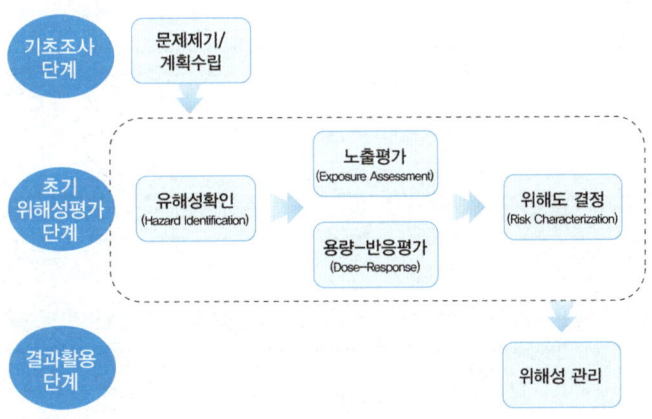

[위험성 평가 단계]

18. 해설

[식] 추출정 개수 = $\dfrac{복원면적}{영향면적} = \dfrac{복원부피}{영향부피} = \dfrac{\forall \times \epsilon}{Q \times t}$

∴ 추출정 개수 = $\dfrac{복원면적}{영향면적} = \dfrac{30,000}{\pi \times 12^2} = 66.31 ≒ 67개$

[정답] 67개

19. 해설

미생물의 양 : (1,000) CFU/g – 건조토양 이상
pH (6) ~ (8)
탄소 : 질소 : 인 = 100 : (10) : (1)

20. 해설

[식] $C_0 - C_t = k \cdot t$ (0차 반응)

- $t = \dfrac{L}{V} = \dfrac{150m}{0.25m/day} = 600\,day$

  - $V = \dfrac{KI}{n} = \dfrac{0.1}{0.4} = 0.25\,m/day$

  $0.5 - C_t = 0.0004 \times 600$

∴ $C_t = 0.26\,mg/L$

[정답] 0.26mg/L

4 PART

부록
토양환경기사 실기
공식정리 노트

부록: 토양환경기사 실기 공식정리 노트

1 기기분석

① 램버트 비어(Lambert-Beer)의 법칙

식 $I_t = I_O \cdot 10^{-\epsilon c \ell}$

- 흡광도(A) : 투과도의 역수의 상용대수

식 $\log \dfrac{1}{t} = A = \epsilon C \ell$

② 기체크로마토그래피(GC)

식 이론단수$(n) = 16 \times \left(\dfrac{t_R}{W}\right)^2$

2 토양의 이화학적 특성분석

① 모세관 현상

식 h(모세관 현상에 의한 물의 상승높이)

$= \dfrac{4\sigma \cos\theta}{\gamma d}$

- σ : 표면장력(dyne/cm)
- θ : 각도
- d : 관의 직경
- γ : 비중량(밀도)

② pF : 토양수가 입자에 흡착되어 있는 강도를 수주 높이에 상용대수를 취하여 나타낸 지표

식 pF $= \log h$

- h : 수주(cm)

③ 밀도

- 진밀도(토양 중 고상 자체만의 밀도)

$= \dfrac{m(\text{토양중 고상의 질량})}{V(\text{토양중 고상의 부피})}$

- 겉보기밀도(공극 포함) $= \dfrac{m(\text{토양의 질량})}{V(\text{토양의 용적})}$

- 자연상태에서 용적밀도(ρ_m) $= \rho_s f_s + \rho_w f_1 + \rho_a f_a$

- 건조상태에서 용적밀도(ρ_d) $= \rho_s f_s + \rho_a f_a$
  - ρ_s : 입자밀도
  - ρ_w : 물의 밀도
  - ρ_a : 공기밀도
  - f_s : 토양입자의 용적비
  - f_1 : 토양 내 물의 용적비
  - f_a : 토양 내 공기의 용적비

④ 공극률(n) : 토양 부피에 대한 공극의 부피의 비

식 $n = 1 - \dfrac{\rho_d}{\rho_s}$

- ρ_d : 건조단위 기준 토양 밀도
- ρ_s : 토양입자의 밀도
- ϵ : 공극비 $= \dfrac{V_v}{V_s}$

⑤ 함수비와 포화도

식 함수비($Wt, \%$) $= \dfrac{W_w}{W_s} \times 100$

- W_w : 토양 내 물의 무게
- W_s : 토양 무게

식 포화도 $= \dfrac{V_w}{V_v}$

- V_w : 토양 내 물의 부피
- V_v : 공극 부피

⑥ 입도분포

- 균등계수 $= \dfrac{D_{60}}{D_{10}}$

- 곡률계수 $= \dfrac{D_{30}^{\ 2}}{D_{60} \times D_{10}}$

- D_{60} : 입도분포 60%에 해당하는 직경
- D_{30} : 입도분포 30%에 해당하는 직경
- D_{10} : 입도분포 10%에 해당하는 직경(유효입경)

3 토양교질물 및 이온교환

① 양이온교환용량(CEC)

$$\text{CEC} = \frac{\text{총 교환가능 양이온}(1meq)}{\text{건조토양}(100g)}$$
$$= \frac{\text{총 교환가능 양이온}(1Cmol)}{\text{건조토양}(kg)}$$

② 염기포화도(BSP) : 전체 교환성 양이온에 대한 교환성 염기의 백분율, 여기서 교환성 염기란, 양이온 중 수소와 알루미늄이온을 제외한 양이온들을 말합니다.

$$\text{염기포화도(BSP, \%)} = \frac{\text{교환성 염기의 } meq}{\text{양이온교환능력(CEC)}} \times 100$$

③ 수소포화도 : 전체 교환성 양이온에 대한 수소이온의 백분율

$$\text{수소포화도(\%)} = \frac{\text{수소이온의 } meq}{\text{양이온교환능력(CEC)}} \times 100$$

④ pH

$$\text{pH} = \log\frac{1}{[\text{H}^+]}, \quad [\text{H}^+] = 10^{-\text{pH}}$$

$$\text{pOH} = \log\frac{1}{[\text{OH}^-]}, \quad [\text{OH}^-] = 10^{-\text{pOH}}$$

$$14 = \text{pH} + \text{pOH}, \quad \text{pH} = 14 - \text{pOH}$$

- $[\text{H}^+]$: 수소이온의 몰농도(mol/L)
- $[\text{OH}^-]$: 수산화이온의 몰농도(mol/L)

4 흡착특성

① Freundlich등온흡착식 : 물리적 흡착을 가정합니다.

$$\log X = \frac{1}{n}\log C + \log k$$

$$\frac{X}{M} = K \times C^{\frac{1}{n}}$$

- X : 흡착된 물질의 양
- M : 흡착제의 양
- C : 유출농도
- K, n : 상수

② Langmuir 등온흡착식

$$\frac{C}{q} = \frac{1}{kb} + \frac{C}{b}$$

$$\frac{X}{M} = \frac{abC}{1+bC}$$

- a, b : 경험적인 상수
- C : 흡착이 평형상태에 도달했을 때 용액내에 남아 있는 피흡착제의 농도

5 생물농축 및 농도계산

① 농축계수

$$\text{농축계수} = \frac{\text{생물 내 유해물질농도}}{\text{물속 유해물질농도}} = \frac{\text{독성물질의 농도}}{\text{독성물질의 기준치}}$$

② 혼합농도공식

$$C_m = \frac{C_1 Q_1 + C_2 Q_2}{Q_1 + Q_2}$$

- C_1 : 대상 1 물질의 농도
- C_2 : 대상 2 물질의 농도
- Q_1 : 대상 1 물질의 양 또는 유량
- Q_2 : 대상 2 물질의 양 또는 유량

③ 토양 내 총 오염물질 농도

㉠ 기본식

$$C_T = \rho_b C_s + \theta_w C_w + \theta_g C_g$$

- ρ_b : 토양총체밀도(kg/m³)
- C_s : 토양 내 오염물질 농도(mg/kg)
- θ_w : 수분 부피비(수분부피 m³/전체부피 m³)
- C_w : 토양 수분 내 오염물질농도(mg/m³)
- θ_g : 공기 부피비(공기부피 m³/전체부피 m³)
- C_g : 토양 공기 중 오염물질농도(mg/m³)

㉡ 흡착계수와 헨리상수를 이용하여 유도

$$C_T = \left(\rho_b \frac{K_d}{H'} + \frac{\theta_w}{H'} + \theta_g\right) C_g \quad \leftarrow \text{암기!}$$

- $C_s = K_d C_w$ (흡착계수)
- $C_g = H' C_w$ (헨리상수)

④ 온도 / 압력 보정
- 온도보정(샤를의 법칙)
$$= V \times \frac{273+t_2(℃, 보정\,시\,온도)}{273+t_1(℃, 기존의\,온도)}$$
- 압력보정(보일의 법칙)
$$= V \times \frac{P_1(기존압력)}{P_2(보정\,시\,압력)}$$
  ※ 압력과 온도가 모두 변경되는 경우 두 법칙을 동시에 적용
- 온압보정 $= V \times \frac{273+t_2}{273+t_1} \times \frac{P_1}{P_2}$

6 반응속도

① **0차 반응** : 반응속도가 반응물의 농도에 영향을 받지 않는 반응
  식) $C_o - C_t = k \cdot t$

② **1차 반응** : 반응속도가 반응물의 농도에 비례하는 반응
  식) $\ln \frac{C_t}{C_o} = -k \cdot t$

③ **2차 반응** : 반응속도가 반응물의 농도의 제곱에 비례하는 반응
  식) $\frac{1}{C_o} - \frac{1}{C_t} = -k \cdot t$

- C_o : 초기농도
- C_t : t시간 후의 농도
- k : 반응속도상수
- t : 반응시간

7 옥탄올 – 물 분배계수

식) $K_{ow} = \frac{C_o}{C_w}$

- C_o : 옥탄올 층의 화학물질의 농도
- C_w : 물 층의 화학물질의 농도
※ 옥탄올 값이 1보다 크면 소수성이 강하며, 1보다 작으면 친수성이 강하다.

8 토양오염물질의 이동특성

① darcy 법칙
  식) $V = \frac{KI}{n}$
  - V : 유속
  - K : 투수계수(수리전도도, m/sec) ← 투수능 및 배수능의 중요한 지표로 토성과 용적밀도 등 토양 특성에 따라 달라집니다.
  - I : 동수경사(동수구배, 수두차/길이)
  - n : 공극률

② **성층토층 평균투수계수** : 토층이 다양한 경우에는 각 토층의 시료를 채취하여 투수계수를 측정한 후 전체 토층의 평균투수계수를 구합니다.
  식) 수직등가 투수계수(수평토층 평균투수계수)
  $$= \frac{H_1 + H_2 + \cdots + H_n}{\frac{H_1}{K_1} + \frac{H_2}{K_2} + \cdots + \frac{H_n}{K_n}}$$
  식) 수평등가 투수계수
  $$= \frac{H_1 K_1 + H_2 K_2 + \cdots + H_n K_n}{H_1 + H_2 + \cdots + H_n}$$
  - H : 토층의 폭
  - K : 투수계수

③ **비산출율과 비보유율**
  식) $n(공극률) = S_y(비산출율) + S_r(비보유율)$
  식) $S_y(비산출율) = \frac{V_d(배출되는\,물의\,부피)}{V_t(전체\,부피)}$
  식) $S_r(비보유율) = \frac{V_r(남아있는\,물의\,부피)}{V_t(전체\,부피)}$

④ **지하수의 에너지**
  식) $E_m = g(z + h_p) = gh$
  - E_m : 단위 질량당 에너지
  - g : 중력가속도
  - z : 지하수가 존재하는 위치
  - h_p : 수두(압력을 높이로 환산한 값)

⑤ **정상우물수리** : 양수량과 지하수면과의 관계
  ㉠ 피압대수층 기준
  식 $h - h_0 = \dfrac{Q}{2\pi bK} ln\left(\dfrac{R}{r_0}\right)$

  ㉡ 비피압대수층 기준
  식 $h^2 - h_0^2 = \dfrac{Q}{\pi K} ln\left(\dfrac{r}{r_0}\right)$
  - h : 전체수심
  - h_0 : 수위
  - Q : 관정유량(취수유량)
  - b : 대수층의 폭
  - K : 투수계수
  - R : 영향반경
  - r_0 : 우물 반경

  ㉢ 투수량계수(T)
  식 $T = K \times b$
  - b : 대수층의 폭
  - K : 투수계수

  ㉣ 추출정 설계
  식 추출정 개수
  $= \dfrac{복원면적}{영향면적} = \dfrac{복원부피}{영향부피} = \dfrac{\forall \times \epsilon}{Q \times t}$
  - $\forall$: 토양부피
  - ϵ : 공극률
  - Q : 추출유량
  - t : 추출시간

9 미생물 증식속도

식 $\mu = \mu_{max} \times \dfrac{S}{K_s + S}$
- μ : 비증식속도(시간$^{-1}$)
- μ_{max} : 최대 비증식속도(시간$^{-1}$)
- S : 기질농도(무게/부피)
- K_s : 반속도상수($\mu = \dfrac{1}{2}\mu max$일 때 제한기질의 농도)

10 토양침식

① 수식예측공식
식 $A = R \times K \times LS \times C \times P$
- A : 연간 토양유실량
- R : 강우인자(침식에 영향을 미치는 강우의 정도)
- K : 토양침식성 인자(토양이 가지는 본래의 침식가능성)
- LS : 경사도와 경사장 인자(경사면의 길이와 경사도의 영향)
- C : 작부인자(작물의 상태에 따른 침식의 정도)
- P : 토양관리인자(인위적인 관리 활동에 대한 영향)

② 풍식예측공식
식 $E = I \times K \times C \times L \times V$
- E : 풍식에 의한 토양유실량
- I : 토양풍식성 인자
- K : 토양면의 조도인자
- C : 그 지방의 기후인자
- L : 포장의 나비(폭)
- V : 식생인자

> **꿈은**
> 날짜와 함께 적으면 목표가 되고,
> 목표를 잘게 나누면 계획이 되며,
> 계획을 실행에 옮기면 꿈은 실현된다.

― 그레그 ―